KB057675

고양이 영양학 사전

고양이 영양학 사전

신장병, 피부병, 비만의 예방과 치료를 위한
음식과 필수 영양소 해설

스사키 야스히코 지음 | 박재영 옮김

보누스

머리말

고양이를 건강하게 만드는 영양학 지식

고양이는 사람이 먹는 음식을 먹으면 안 된다는 말이 사실인가요?

"고양이는 완전한 육식동물입니다." 이렇게 말하면 여러분은 '그렇구나, 고양이는 사자처럼 육식을 하는구나!' 하고 머릿속으로 작은 맹수인 고양이가 쥐나 작은 새를 사냥해 잡아먹는 모습을 떠올릴 것입니다.

하지만 고양이는 예로부터 사람에게 사육된 동물이기도 합니다. 그래서 밥에 국물을 부은 것, 이른바 '고양이 맘마'라고 불리는 음식을 받아먹는 경우가 많았지요.

여기서 "이상하다. 고양이는 육식일 텐데 고양이 맘마를 먹으며 살아왔잖아?" 하는 의문이 들지 않나요? 맞습니다. 육식동물이 육류만 먹는다는 것은 오해입니다. 사냥한 동물을 통째로 잡아먹는 것과 슈퍼마켓 등에서 판매되는 육류만 먹는 것은 완전히 다르기 때문입니다.

또한 사람 곁에서 살아온 고양이는 잡식성이기도 해요. 인공합성물이 아닌 자연 상태의 식품으로 영양분을 섭취할 때 고양이는 육류 등의 동물성 단백질을 끊은 식생활을 하면 살아갈 수 없지만 다른 음식물도 함께 섭취하여 살 수도 있습니다.

반려인 입장에서는 가족으로서 같은 음식을 나눠 먹고 싶다는 마음이 솟아나기 마련입니다. 하지만 '사람 음식을 먹이면 안 된다'는 말이 많아서 주저하지 않나요? 물론 고양이가 흰쌀밥을 지어 먹는 동물이 아닌 것은 맞지만, 사람 음식에 적응할 수 있는지는 따로 생각해볼 문제입니다.

육식인 이상 육류를 먹이는 게 당연하다는 생각에 "왜 그렇게까지 해서 채소를 먹이려 하는 건가요?" 하고 묻는 분들도 많은데요. 그 이유는 육류만 주면 본성에 맞는 식생활과는 동떨어진 식사가 되기 때문에 그렇습니다.

작은 동물을 통째로 먹으면 먹이의 장 속에 남아 있는 소화가 덜 된 식물을 함께 먹는 것이나 마찬가지거든요. 하지만 일반 가정에서는 쥐를 통째로 주는 식생활을 하기 어렵습니다. 그러므로 고양이 사료가 아닌 다른 음식을 선택해야 할 경우, 육류 이외에 여러 가지 재료를 식사에 도입하는 것이 자연스러운 일이라고 생각합니다.

이 책은 반려인의 질문을 모아 만들었습니다

오늘날 반려동물 식사 및 영양학 분야에는 다양한 유파가 있습니다. 저는 어느 유파에나 정당성이 있으므로 장점만 받아들이면 된다고 생각하기 때문에 지금까지 진료나 세미나에서 다방면의 정보를 제공해왔습니다. 하지만 여전히 무엇이 최선인지 의문이 풀리지 않는 반려인이 많은 듯합니다.

이메일로 설문조사를 실시해 자주 나오는 질문을 간추렸습니다. 책의 내용이 여러분의 궁금증에 적절한 응답이 되었으면 좋겠습니다. 마지막으로, 이 책이 반려묘와 반려인의 행복한 일상을 지키는 데 조금이라도 도움이 된다면 정말 기쁠 것입니다.

고양이에게 무엇을 먹여야 할까?

고양이는 작은 개가 아니다

고양이는 잡식 경향이 있는 육식동물로 야생 상태일 때 식사에서 육류나 생선 등의 동물성 재료를 완전히 제거하면 영양실조에 걸립니다.

이는 육류 이외의 음식을 먹으면 몸 상태가 나빠진다는 말은 아닙니다. 캐트닙(캣닢)을 먹는 것처럼 식물이나 나무 열매를 먹을 수 있지만, 그것만 먹으면 부족한 영양소가 생길 수 있다는 뜻입니다. 야생에서는 밥을 전혀 먹지 못하는 경우도 있으므로 그런 때를 대비해 체내 상태를 일정하게 유지할 수 있는 신체 조절 능력을 갖추고 있습니다.

또한 동물성 재료로 섭취할 수 있는 영양소는 체내에서 합성하지 못해도 살아갈 수 있는 육식동물이기 때문에 고양이의 필수 영양소는 동물성 재료에 주로 함유되어 있습니다.(나이아신, 타우린, 비타민A, 비타민B12, 아라키돈산 등. 상세한 내용은 23쪽 참조) 개와는 명확히 구분되는 고양이만의 영양학적 특징이 여기서 나타납니다.

고양이는 진지하고 신중한 동물

새집으로 이사했을 때 고양이가 침대 밑에 들어가 일주일 동안 나오지 않았다는 이야기를 들어본 적이 있지 않나요? 고양이는 매우 신중하고 자기 자신을 지키려는 마음이 강한 동물입니다. 몸에 밴 익숙한 규칙을 반복하는 것을 좋아하며, 바꾸는 데에는 시간이 걸리는 동물입니다.

이런 습성은 식습관에서도 나타납니다. 생후 6개월까지 먹은 것은 평생 음식으로 인식하지만 그 이후에 새로운 음식을 경험하게 되면 저절로 경계심이 발동해 '이게 뭐야? 장난감인가?'라는 생각부터 합니다. 그러므로 새로 만든 식사를 먹지 않는 것은 정상적인 반응입니다. 실패했다고 낙담하지 마세요.

반려인이 먼저 한번 먹는 모습을 보여주면 '어? 그건 먹을 수 있는 거야?'라고 음식으로 인식하는 반응을 보이기도 합니다.

또, '밥을 줬는데 안 먹으면 그걸로 됐다'는 자세를 취해도 괜찮습니다. 도중에 기싸움에서 지면 '불평하면 원하는 대로 된다'는 잘못된 인식을 심어줄 수 있습니다.

그리고 식사를 내놓은 채로 내버려두자니 부패할까 걱정하는 분도 계시지만, 고양이는 썩은 음식을 먹지 않으니 안심하세요.

곡물은 필수도 금지도 아니다

고양이는 곡물이 없어도 살 수 있는 동물입니다. 뇌가 당질을 이용하기 때문에 혈당치를 유지하는 것이 매우 중요하다는 점은 사람이나 개와 마찬가지입니다. 그렇지만 고양이는 단백질을 글루코오스로 능숙하게 변환시키므로 일부러 당질을 섭취하지 않아도 살아갈 수 있습니다. 그런데 이 정보가 어느 순간부터 말 전하기 게임처럼 '곡물을 한입이라도 먹으면 병에 걸린다'고 와전되어 퍼져나간 모양입니다.

또한, 몸 상태가 나빠지면 밥을 먹지 않고 가만히 있어도 자력으로 치유하므로 식욕이 없을 때는 억지로 밥을 먹이지 않아도 괜찮습니다.

차례

고양이 집밥 만들기

레시피 살펴보기

PART 2 우리 집 고양이의 병을 낫게 하는 레시피 15

PART 3 생애주기 · 증상 · 질병별 레시피 37

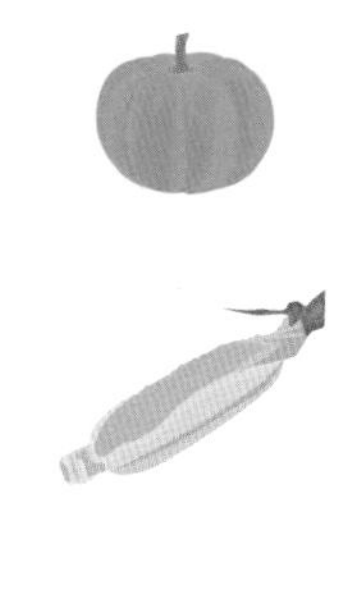

고양이 몸에 좋은 영양소와 음식

고양이를 위한 필수 영양소

고양이는 초식동물이 아니다

고양이는 육식동물이기에 식사에서 동물성 재료(육류나 생선)를 배제하고 건강을 유지하기란 어렵습니다. 그 이유는 동물성 재료에서 구하기 쉬운 영양소(아라키돈산, 타우린 등)가 고양이의 필수 영양소이기 때문입니다. 또한 베타카로틴을 비타민A로 변환할 수 없는 것도 육식동물로서의 특성입니다.

(육류, 생선) : (곡물) : (채소) = 7 : 1 : 2로 시작

고양이도 사람과 똑같이 혈당치가 떨어지면 단백질을 아미노산으로 분해하여 당으로 바꾸는 '당신생(글리코네오게네시스. glyconeogenesis)' 반응을 사람과는 달리 아무런 부작용 없이 할 수 있습니다. 즉 곡물을 섭취하지 않아도 살아갈 수 있습니다. 그런데 무슨 이유에선지 이 내용이 '고양이에게 곡물을 먹이면 병에 걸린다'는 이야기로 와전된 듯합니다. 지금까지의 경험상, 육류, 생선 : 곡물 : 채소 = 7 : 1 : 2로 시작하는 것이 적절합니다.

반드시 먹어서 섭취해야 하는 필수 영양소

1960년대에 고양이에게 소의 생심장만 먹였더니 칼슘 결핍증에 걸린 사례가 있습니다. 이를 보고 육류뿐만 아니라 골고루 먹여서 영양 균형을 잡는 것이 중요하다고 생각했습니다. 반드시 영양소를 엄밀하게 계산해야 한다는 말이 아닙니다. 고양이 몸에는 식사 내용에 상관없이 내부 환경을 일정하게 유지하기 위한 조절 능력이 갖춰져 있기 때문입니다.

고양이의 하루 영양소 필요량

고양이의 필수 영양소는 동물성 재료에 함유되어 있습니다. 고양이는 단백질을 당으로 바꾸는 능력이 뛰어나기 때문에 단백질 요구량이 높은 편입니다.

※몸무게 1킬로그램당 고양이와 개의 하루 영양소 필요량 비교

	고양이	개
단백질(g)	7.0	4.8
지방(g)	2.2	1.0
칼슘(g)	0.25	0.12
염화나트륨(g)	0.125	0.10
철(mg)	2.5	0.65
비타민A(IU)	250	75
비타민D(IU)	25	8
비타민E(IU)	2.0	0.5

AAFCO 기준 성묘의 하루 영양소 필요량

제시한 수치를 보면 어려워 보이지만 동물성 재료를 먹음으로써 충분히 보충할 수 있는 양입니다. 잔멸치 등의 치어나 간을 활용하세요.

※고양이 몸무게 4킬로그램당

비타민A	400~800IU
비타민 D	40~80IU
리놀레산	400~800mg
리놀렌산	400~800mg
아라키돈산	20~40mg
타우린	200~400mg
아르지닌	800~1200mg
나이아신	6~8mg

*AAFCO(The Association of American Feed Control Officials) : 미국사료협회

고양이 사료에 들어 있는 성분

인스턴트 사료는 편리하다

고양이 사료는 필요한 영양소를 쉽게 섭취할 수 있는 인스턴트식품입니다. 손쉽고 편리하며 보존성이 뛰어납니다. 산화하기 쉬운 식물성 기름이 들어 있음에도 상온에서 산화하지 않도록 고안되어 있습니다. 고양이 사료와 물만으로도 건강하게 생활하며 천수를 누리는 고양이가 많습니다. 또한 고양이 사료 덕택에 바쁜 고양이 집사도 고양이와 함께하는 생활을 누릴 수 있다는 현실적인 이점이 있지요.

집에 사는 육식동물

고양이는 '완전한 육식동물'이기 때문에 동물성 재료를 통째로 먹는 것을 전제로 체내 기능이 작용합니다.

개는 당근 등 녹황색 채소에 함유된 베타카로틴을 비타민A로 변환하는 효소가 장에 있어서 필요에 따라서는 채소의 베타카로틴으로부터 비타민A을 섭취할 수 있습니다. 하지만 고양이는 쥐 등을 통째로 잡아먹음으로써 비타민A를 섭취하는 생활을 오랫동안 해온 결과, 체내 합성을 할 필요가 없었던 탓인지 그 효소가 없습니다. 이와 마찬가지 원리로 타우린이나 아라키돈산 등을 필요량만큼 합성하지 못하는 경우가 있어서 고양이를 완전한 육식동물이라고 하는 것입니다. 그 밖에도 나이아신, 아르지닌, 비타민D의 체내 합성량이 충분하지 않은 탓에 섭식으로 얻는 영양소가 사람이나 개와는 다를 수밖에 없습니다. 동물의 몸을 통째로 다 먹으면 전혀 문제없이 이상적이겠지만 현실적으로 그런 식생활을 실천하기란 쉽지 않습니다. 그래서 바쁜 반려인들을 위해 사료가 나와 있습니다.

사료에 들어 있는 영양소

앞서 언급한 대로, 만약 가정에서 닭이나 생선 등을 통째로 줄 수 있다면 필요한 영양소를 충분히 섭취할 수 있습니다. 하지만 그러기가 쉽지 않습니다. 단지 손쉽고 일일이 신경 쓰지 않아도 된다는 점 덕분에 사료가 최고로 여겨지고 있는 것은 아닌지요.

또 앞에서 이야기한 영양소뿐만 아니라 필수 아미노산, 필수 지방산, 각종 비타민(지용성·수용성), 각종 미네랄(다량·미량), 그 외 중요한 여러 영양소가 사료에는 충분히 함유되어 있습니다.

필수 지방산을 함유하는 지방은 산화하기 쉽습니다. 사료는 상온에서 오랫동안 보관해도 산화되지 않도록 제조되기 때문에 누구나 어렵지 않게 관리할 수 있습니다.

가끔 "보존료가 유해하지 않나요?"라는 질문을 받는데, 몸에서 처리할 수 있는 정도의 양을 사용하기 때문에 크게 걱정하지 않아도 된다고 해요.

고양이 사료가 맞지 않거나 먹지 않는 고양이도 있습니다. 그런 고양이에게 수제 음식을 추천합니다.

'고양이는 타우린 결핍에 주의하라'는 말의 진실

고양이에게는 타우린이 아주 중요하다고들 하는데 말만 들으면 고양이는 걸핏하면 타우린이 결핍될 것 같은 인상을 받습니다. 하지만 타우린이 그렇게 쉽게 결핍될까요? 이런 소문의 실체를 파악하기 위해서는 발단이 된 원래의 정보를 조사하고 실제 인과관계가 어떠한지 잘 살펴봐야 합니다.

이 경우 '카제인을 주체로 한 사료를 먹였더니 3～12개월 안에 타우린 결핍으로 망막변성이 생겼다. 이때 달걀 알부민과 락토 알부민을 주체로 한 사료로 바꾸면 예방 효과가 있다'가 소문의 출처가 된 정보입니다. '길고양이가 잇따라 망막변성에 걸리는 경우는 없다'는 사실 또한 알려져 있습니다. 육류나 생선을 중심으로 한 식사라면 걱정할 필요가 없습니다.

수제 음식을 먹이면 영양실조에 걸린다는 오해

수제 음식을 먹이면 병에 걸린다?

수제 음식을 먹인다고 하면 영양 균형이 빨리 무너져서 병에 걸릴 거라는 이야기로 연결시키는 극단적인 사람이 있습니다. 이를테면 감기에 걸렸다고 합시다. 이때 아내에게 "음식을 잘못 먹어서 감기에 걸렸잖아!"라고 한다면 어떨까요? 그 주장이 그럴듯하게 받아들여질 리 없겠지요. 즉 병에 걸리는 이유로 음식 탓만 할 수는 없습니다.

계산보다 치밀한 고양이 몸속의 조절 능력

식사 때마다 영양 성분을 엄밀하게 계산해야 고양이의 건강을 유지할 수 있다고 생각하는 사람이 많습니다. 물론 그것도 그것대로 좋지만 아마 그 사람은 고양이 몸에는 우리 사람처럼 조절 능력이 있다는 사실을 잊고 있는 건 아닐까요?

야생에서는 밥을 제대로 먹을 때도 먹지 못할 때도 있으므로 언제나 충분히 먹을 수 있다는 전제로 컨디션 조절 시스템을 구축하면 살아가는 데 지장이 생깁니다. 야생에서는 무슨 일이 일어날지 알 수 없으므로 식사 내용이 불규칙하더라도 체내 환경을 일정하게 유지할 수 있는 시스템을 편성해야 살아남을 수 있지 않을까요?

즉 고양이의 몸에는 조절 능력이 있으며 3대 영양소인 단백질, 당질, 지방은 육류나 생선을 먹으면 필요에 따라 마련됩니다. 또 비타민은 장내 세균이 만들어주며 미네랄도 뼈와 근육 등에 저장되어 있지요. 식사 때마다 세세하게 계산하지 않아도 필요에 따른 조절 능력이 잘 발휘되어 살아갈 수 있습니다.

기본은 통째로 먹기

고양이의 식사에서 기본은 식재료를 통째로 먹는 것입니다. 그래서 크기가 큰 동물 소, 말, 참치는 고양이의 식사 메뉴로 적합하지 않으며 쥐, 닭, 정어리가 적당합니다.

1890~1910년대의 논문에 '강아지와 올빼미에게 생고기만 먹이면 경련 발작을 일으키고 뼈가 물러져서 몇 개월에서 1년 반 정도 안에 죽는다'라는 보고가 있습니다. 1960년대 이후 새끼 고양이에게 생심장만 먹였더니 칼슘 결핍증에 걸렸다는 보고가 나왔습니다.

생고기를 먹으면 안 된다는 뜻이 아니라, '동물의 일부분만 먹는 것이 아니라 통째로 먹어야 한다'라는 사실을 알면 됩니다. 잔멸치와 같은 치어도 생체 원소의 영양소 비율 면에서는 큰 문제가 없으며 섭취할 경우 부족한 영양소만 추가하면 됩니다. 이렇게 말하면 '치어나 마른 멸치에는 염분이 있어서 고양이에게 먹이면 안 된다'는 억측을 믿고 망설이는 사람이 있는데 이 문제에 대해서는 아래의 칼럼을 참조하기 바랍니다. 물론 소고기도 먹을 수는 있습니다. 토막 낸 육류만 먹일 때는 다양한 영양소가 부족해지는 탓에 생식이 어려운 이야기처럼 들렸을 뿐이라는 점을 기억해주세요.

'고양이는 염분에 주의하라'는 말의 진실

'고양이 음식에 염분이 있으면 신장에 부담이 간다'라는 말이 사실일까요? 그렇다면 염분과다증에 대한 보고가 분명히 있을 것입니다.

예를 들면 학자들이 발표한 보고(1997)에서는 나트륨 농도 0.01~1퍼센트의 건식 사료를 먹였을 때 최고 농도 1퍼센트의 사료에 혐오감을 보이긴 했지만 다른 사료와 같은 양을 섭취했으며 악영향도 없었다고 합니다. 성묘의 경우 버거(Burger I. H.)의 보고(1979)에 따르면 농도 1.5퍼센트의 음식에서도 이상을 보이지 않았다고 합니다. 바닷물의 염분 농도가 약 3퍼센트, 사람의 적절한 염분 농도가 1.1퍼센트라고 하면 그렇게까지 걱정할 만한 일은 아니라는 것을 알 수 있습니다.

생활 속 음식 재료로 사료를 대체할 수 있다

	성분명	성분이 함유된 일반 식품	Dr. 스사키의 추천
1	단백질	육류, 생선, 콩	닭고기, 흰살생선, 낫토
2	지질	유지류, 지방이 많은 육류(닭 껍질 등), 견과류	닭 껍질
3	조섬유	채소류	당근
4	조회분	채소, 해조류, 콩	미역
5	수분	물	물
6	비타민A	간	간
7	비타민E	유지류, 견과류, 호박	호박
8	비타민B1	돼지고기	돼지고기
9	비타민B2	달걀, 육류	간
10	칼슘	해조류, 뼈, 작은 생선	잔멸치 등의 치어
11	인	육류, 생선	닭고기
12	나트륨	육류, 생선	닭고기
13	마그네슘	육류, 생선	닭고기
14	효모 추출액	치즈	치즈
15	미네랄류	작은 생선, 해조류	잔멸치 등의 치어
16	염소	육류, 생선	돼지고기
17	코발트	동물성 식품	닭고기
18	구리	간, 벚꽃새우	간
19	철	붉은 육류	참치

고양이 사료의 원재료 목록을 보면 마치 건강보조식품 집합체처럼 생소한 성분이 잔뜩 나열되어 있다. 각 성분을 주위에서 쉽게 찾을 수 있는 음식 재료로 바꿔보자.

생활 속 친숙한 재료에도
고양이 필수 영양소가 들어 있어요!

	성분명	성분이 함유된 일반 식품	Dr. 스사키의 추천
20	요오드	해조류	김
21	칼륨	육류, 생선, 콩	닭고기
22	망간	해조류	김
23	아연	간	간
24	아미노산류	육류, 생선	닭고기
25	타우린	어패류	오징어
26	메티오닌	달걀, 육류, 생선류	닭고기
27	비타민류	녹황색 채소	호박
28	비타민B6	육류, 어패류, 달걀	연어
29	비타민B12	육류, 어패류, 달걀	간
30	비타민C	채소	브로콜리
31	비타민D	정어리, 가다랑어, 간	가다랑어
32	비타민K	연어, 낫토	연어
33	콜린	돼지고기, 소고기	소 간
34	나이아신	간, 콩류	간
35	판토텐산	간, 달걀	달걀
36	비오틴	간, 콩	간
37	엽산	잎채소	소송채

고양이에게 필요한 필수 영양소와 효능

필수 영양소란?

몸에서 만들 수 있는 영양소가 있고, 전혀 만들 수 없거나 만들더라도 충분한 양을 확보할 수 없는 영양소가 있습니다. 후자는 반드시 음식으로 섭취해야 하기 때문에 필수 영양소라고 합니다.

개와 고양이는 비슷한 점도 있지만, 고양이만의 성질이 있습니다. 고양이의 특성을 알아봅시다.

고양이만의 필수 영양소

※굵은 글씨는 고양이만 해당한다. 그 외에는 고양이와 개 둘 다 적용된다.

단백질(아미노산)	라이신, 류신, 메티오닌, 발린, 아르지닌, 아이소루신, 트레오닌, 트립토판, 페닐알라닌, **타우린**, 히스티딘
지방	리놀레산, **아라키돈산**, 알파리놀렌산
다량 미네랄	나트륨, 마그네슘, 염소, 인, 칼륨, 칼슘
미량 미네랄	구리, 망간, 셀렌, 아연, 요오드, 철
지용성 비타민	비타민A, 비타민D, 비타민E, **비타민K**
수용성 비타민	나이아신(B3), 리보플래빈(B2), 비오틴(B7), 엽산(B9), 코발라민(B12), 콜린, 티아민(B1), 판토텐산(B5), 피리독신(B6)

고양이를 위한 영양학 지식

지식 1	베타카로틴 등의 카로티노이드를 비타민A로 변환할 수 없다.
지식 2	비타민 D의 합성량이 부족하다.
지식 3	트립토판을 나이아신으로 변환할 수 없다.
지식 4	메티오닌이나 시스테인 등의 함황 아미노산에서 타우린을 충분히 합성할 수 없다.
지식 5	요소 회로에 필요한 시트룰린을 합성하지 못한다. 그래서 아르지닌을 포함하지 않는 식사를 지속하면 사망할 수 있다.
지식 6	식물에는 많고 동물에는 적은 아라키돈산 등의 긴사슬 불포화지방산을 리놀레산으로부터 잘 합성하지 못한다.
지식 7	고양이의 대사 능력은 저탄수화물식에 적합하다.(쌀밥 등을 먹을 수 없는 것은 아니지만 식사의 중심은 아니다.)

고양이 하루 에너지 사용량

※고양이 몸무게 1킬로그램당 사용 에너지양

성묘 유지기(보통)	70~90 kcal
성묘 유지기(활동량 적음)	50~70 kcal
임신기	100~140 kcal
수유기	240 kcal
성장기(생후 10주)	220 kcal
성장기(생후 20주)	160 kcal
성장기(생후 30주)	120 kcal
성장기(생후 40주)	100 kcal

고양이에게 필요한 영양소

비타민 A

눈을 보호하고
피부 점막을 강화한다

비타민 A가 풍부한 식품

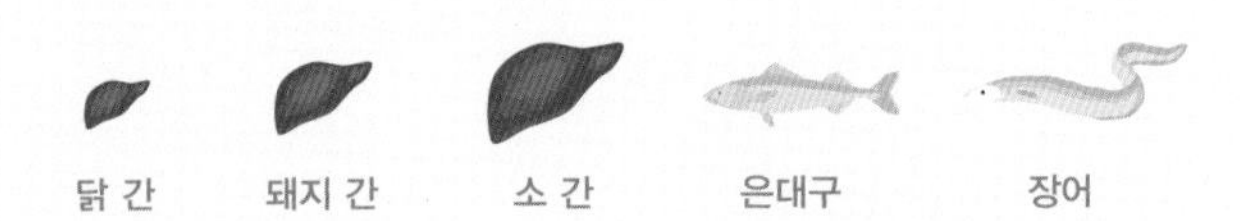

고양이는 베타카로틴을 비타민A로 변환할 수 없다

비타민A는 눈, 피부, 뼈, 점막의 건강 유지에 꼭 필요한 영양소입니다. 특히 점막 형성을 정상화해서 체내로 병원체가 침입하지 못하도록 막아 감염증에 대처합니다.

개는 당근이나 호박에 함유된 베타카로틴을 비타민A로 변환하는 효소를 갖고 있습니다. 하지만 고양이에게는 없기 때문에 녹황색 채소를 섭취하는 것만으로는 비타민A를 공급할 수 없습니다.

비타민A는 지용성 비타민이므로 재료를 기름에 볶으면 흡수율이 높아집니다.

부족하거나 너무 많아지면?

비타민A가 부족하면 점막이 약해져서 감염증에 잘 걸립니다. 피부나 눈에 트러블이 생기기도 합니다.

지나치면 급성 중독증을 일으켜 구토 등의 증상이 나타나지만, 일반적인 식생활에서는 거의 일어나지 않습니다.

고양이에게 필요한 영양소

나이아신 (비타민B3)

생선과 간으로 섭취하는 필수 비타민

나이아신이 풍부한 식품

참치	가다랑어	돼지 간	소 간	고등어

고양이는 트립토판에서 나이아신을 합성할 수 없다

나이아신(비타민B3)은 고양이에게 반드시 필요한 영양소입니다. 고양이는 트립토판에서 나이아신을 합성할 수 없기 때문입니다. 그래서 필요한 양을 음식으로 섭취해야 합니다. 가정에서 만든 음식을 반려동물에게 오랫동안 먹이면 나이아신 결핍증이 나타날 수 있다고들 하는데, 생선이나 간을 같이 먹이면 괜찮습니다.

부족하거나 너무 많아지면?

고양이는 나이아신이 결핍되면 설사 등의 증상이 나타나며 나이아신을 전혀 섭취하지 않으면 약 3주 안에 사망한다는 보고가 있습니다. 하지만 육류와 생선을 먹고 있으면 문제없습니다. 과잉증도 일반적인 식생활에서는 나타나지 않습니다.

고양이에게 필요한 영양소

미네랄

체내 효소 반응이나 골격 형성에 꼭 필요하다

미네랄이 풍부한 식품

다량 금속 원소와 미량 금속 원소

다량 원소(산소, 탄소, 수소, 질소)를 제외한 생체 원소 중에서 1000킬로칼로리당 100밀리그램 이상 필요한 원소를 다량 금속 원소(칼슘, 인, 마그네슘, 나트륨, 칼륨, 염소)라고 합니다. 이처럼 필요량이 1000킬로칼로리당 100밀리그램 미만인 원소를 미량 금속 원소라고 합니다.

이 원소들은 골격 등을 구성하며, 세포 내외의 체액에 분포하여 생체 효소 반응을 돕습니다.

부족하거나 너무 많아지면?

미네랄은 골격을 구성하는 주요 성분이므로 부족하면 성장 불량 및 골다공증 등의 원인이 됩니다.

또한 거의 모든 생체 반응을 돕기 때문에 특정 증상이 나타난다기보다는 온몸의 상태가 나빠집니다.

고양이에게 필요한 영양소

식이섬유

배변 활동을 돕는다

식이섬유가 풍부한 식품

브로콜리

호박

당근

옥수수

고구마

소화할 수 없지만 장내 세균의 먹이가 된다

식이섬유는 췌장 등에서 분비되는 소화 효소로 소화되거나 분해되지 않는 섬유질입니다. 종류에는 대장 등 장내에 서식하는 세균의 먹이가 되는 것과 되기 어려운 것이 있습니다.

식이섬유는 대장 내 세균의 먹이가 되어서 대장 안 pH를 산성화하고 수분 흡수를 촉진합니다. 변을 단단하게 뭉치도록 하며 변의 부피와 수분 등을 늘리는 역할도 합니다. 식이섬유는 소화할 수는 없지만 장내 세균의 먹이가 되어 장 활동을 촉진합니다.

부족하거나 너무 많아지면?

식이섬유의 양이 적으면 변의 부피와 수분 함유량이 줄어든 결과 장내 통과 시간이 길어지거나 변의 점성에 영향을 미칩니다. 또 너무 많으면 그와 반대되는 현상이 일어날 수 있습니다.

고양이에게 필요한 영양소

아이소루신

에너지를 생성하는
필수 아미노산

아이소루신이 풍부한 식품

가다랑어포

뱅어포

콩

김

영계 가슴살

케토원성과 당원성이 있으며 근육을 강화하는 아미노산

아이소루신은 케토원성 및 당원성의 필수 아미노산 중 하나로 단백질의 원료가 되기도 합니다. 케토원성 아미노산이란 체내에서 지방산 → 케톤체로 전환될 수 있는 아미노산을 말하며 이 케톤체가 근육이나 뇌에서 사용되는 에너지원이 됩니다. 케톤원성 아미노산에는 그 밖에도 류신이 있습니다. 성장 촉진이나 신경 기능 활성화 효과 외에도 혈관 확장, 간 기능 강화, 근육 강화 등 쓰임이 많은 아미노산입니다.

부족하거나 너무 많아지면?

아이소루신을 전혀 함유하지 않은 특수 정제식을 이용한 실험에 따르면 새끼 고양이의 경우 결핍 시 성장 불량, 몸무게 감소, 피부 및 피모 이상 등의 원인이 됩니다. 이 증상은 일시적으로 나타났다가 보충해주면 원래 상태로 되돌아옵니다. 과잉증에 대한 연구 결과는 아직까지 보고된 바가 없습니다.

고양이에게 필요한 영양소

류신

근육 발달을 위한
필수 아미노산

류신이 풍부한 식품

아이소루신 분비를 촉진시키는 분기쇄 아미노산

류신은 케토원성을 갖는 필수 아미노산으로 단백질 구성 아미노산입니다. 아이소루신, 발린과 함께 분자 구조를 기준으로 한 분기쇄 아미노산으로 분류됩니다. 류신은 단백질의 분해 억제와 합성 촉진 조절에 관여하므로 근육 발달을 돕고 근육이 손실되지 않도록 합니다. 또한 인슐린 분비를 늘려 간의 글리코겐에서 나오는 에너지 생성을 촉진합니다.

부족하거나 너무 많아지면?

류신을 전혀 함유하지 않는 특수 정제식을 이용한 실험에 따르면 새끼 고양이의 경우 결핍 시 몸무게 감소의 원인이 되지만 그 이외의 특징적인 증상은 없었습니다. 과잉증에 대한 연구 결과는 아직까지 보고된 바가 없습니다.

고양이에게 필요한 영양소

라이신

채소로 섭취하기 어려운
필수 아미노산

라이신이 풍부한 식품

콩

가다랑어포

뱅어포

참치

갯장어

콜라겐의 원료가 되는 아미노산

라이신은 케토원성을 갖는 필수 아미노산으로 단백질 구성 아미노산입니다.

쌀, 보리, 옥수수 등의 식물성 단백질에는 함유량이 낮아서 동물성 단백질의 섭취량이 적은 지역에서 살거나 비건 식단으로 먹는 고양이의 경우 영양학적으로 큰 과제이므로 육류, 생선, 콩 등 라이신이 풍부한 식품을 챙겨 먹여야 합니다.

또한 라이신은 하이드록시라이신이 되어 콜라겐 합성에도 관여합니다.

부족하거나 너무 많아지면?

라이신을 전혀 함유하지 않은 특수 정제식을 이용한 실험에 따르면 결핍 시 새끼 고양이의 경우 몸무게 감소의 원인이 되지만 그 외의 특징적인 증상은 없었습니다. 과잉증에 대한 연구 결과는 아직까지 보고된 바가 없습니다.

고양이에게 필요한 영양소

메티오닌

시스테인의 원료가 되는 필수 아미노산

메티오닌이 풍부한 식품

콩

가다랑어포

뱅어포

말린 김

참치

지질 대사와 항산화물질의 원료가 되는 아미노산

메티오닌(시스테인으로 전환 가능)은 당원성을 갖는(당대사를 통해 포도당을 만들어내는) 필수 아미노산으로 단백질 구성 아미노산입니다.

분자 내에 유황을 함유하며(함황 아미노산), 시스테인이나 지질 대사에 관여하는 비타민성 작용물질 카르니틴의 생합성, 인지질의 생성에 관여합니다.

또한 시스테인은 항산화물질 글루타티온과 소변 속에서 볼 수 있는 고양이의 페로몬인 펠리닌의 전 단계 물질입니다.

부족하거나 너무 많아지면?

메티오닌을 전혀 함유하지 않은 특수 정제식을 이용한 실험에 따르면 결핍 시 새끼 고양이의 경우 몸무게 감소의 원인이 됩니다. 필수 아미노산 중에서 몸무게 감소가 가장 심각합니다. 과잉증으로는 용혈성 빈혈 등의 증상이 보고되었습니다.

고양이에게 필요한 영양소

페닐알라닌

신경전달물질의 원료가 되는 필수 아미노산

페닐알라닌이 풍부한 식품

가다랑어포 뱅어포 콩 말린 김 참치

정신 안정에 도움을 주고 갑상샘호르몬의 원료가 되는 아미노산

페닐알라닌(티로신으로 전환 가능)은 케토원성과 당원성을 갖는 필수 아미노산으로 방향족 아미노산이고 단백질 구성 아미노산입니다.

페닐알라닌은 체내에서 티로신→도파로 변환되고 도파민, 노르에피네프린, 에피네프린과 같은 신경전달물질로 바뀌어 정신활동에 영향을 줍니다. 사람의 경우 우울증 등의 질병 개선 효과가 보고되어 있습니다. 또한 갑상샘호르몬 분비를 활성화합니다.

부족하거나 너무 많아지면?

페닐알라닌을 전혀 함유하지 않은 특수 정제식을 이용한 실험에 따르면 결핍 시 새끼 고양이의 경우 몸무게 감소, 털의 변색(검은색→밤색), 신경 증상 등이 나타날 수 있습니다. 과잉증에 대한 연구 결과는 아직까지 보고된 바가 없습니다.

고양이에게 필요한 영양소

트레오닌

당신생을 돕는
필수 아미노산

트레오닌이 풍부한 식품

가다랑어포

뱅어포

콩

말린 김

닭가슴살

효소 활성화에 관여하며 부족하면 경련을 일으킨다

트레오닌은 당원성을 갖는 필수 아미노산으로 방향족 아미노산이고 단백질 구성 아미노산입니다.

트레오닌은 피루브산을 거쳐 옥살로아세트산이 되고 포스포에놀피루브산이 되어 당신생 과정에 사용됩니다.

분자 내에 있는 하이드록시 에틸기는 생체 내 효소 등의 인산화와 탈인산화 반응에 관여하며 효소나 기타 단백질의 활성화를 조절합니다.

부족하거나 너무 많아지면?

트레오닌을 전혀 함유하지 않은 특수 정제식을 이용한 실험에 따르면 결핍 시 새끼 고양이의 경우 식욕 저하, 몸무게 감소, 몸의 떨림, 경련, 근육 경직, 운동 실조 등의 증상이 나타날 수 있습니다. 과잉증에 대한 연구 결과는 아직까지 보고된 바가 없습니다.

고양이에게 필요한 영양소

트립토판

수면의 질을 높이는
필수 아미노산

트립토판이 풍부한 식품

고양이는 나이아신을 합성할 수 없다

트립토판은 방향족 아미노산으로 분류되는 단백질 구성 아미노산이며 당원성과 케토원성을 갖는 필수 아미노산입니다.

개는 트립토판에서 나이아신을 합성하지만 고양이는 트립토판에서 나이아신을 충분히 합성할 수 없습니다. 또한 트립토판은 세로토닌(체온 조절이나 수면 등에 관여하는 생리 활성 아민)이나 멜라토닌(서캐디언 리듬에 관여하는 호르몬)의 전구체로서 중요합니다.

부족하거나 너무 많아지면?

트립토판을 전혀 함유하지 않은 특수 정제식을 이용한 실험에 따르면 결핍 시 새끼 고양이의 경우 식욕 저하와 몸무게 감소만 보였습니다. 과잉증으로는 0.6퍼센트 농도의 특수 정제식을 42일 동안 먹인 결과 고양이 한 마리가 사망한 사례가 보고됐습니다.

고양이에게 필요한 영양소

발린

근육 유지를 돕는 필수 아미노산

발린이 풍부한 식품

혈중 글루코오스 농도와 근육량을 조절한다

발린은 측쇄에 이소프로필기를 갖고 단백질 구성 아미노산으로 당원성을 갖는 필수 아미노산입니다.

발린은 숙시닐 CoA가 되어 TCA 회로의 옥살로아세트산에서 포스포에놀피루브산을 거쳐 글루코오스로 변환되어 당신생 과정에 사용됩니다.

다른 아미노산은 간에서 변환되는데 분기쇄 아미노산인 발린은 류신이나 아이소루신과 마찬가지로 근육에서 변환됩니다.

부족하거나 너무 많아지면?

발린을 전혀 함유하지 않은 특수 정제 건식 사료를 이용한 연구 보고에 따르면 결핍 시 새끼 고양이의 경우 몸무게 감소만 보였으며 다른 증상에 대한 보고는 없었습니다. 과잉증에 대한 연구 결과도 보고된 바가 없습니다.

고양이에게 필요한 영양소

히스티딘

히스타민이 되는 필수 아미노산

히스티딘이 풍부한 식품

가다랑어포

가다랑어

참치

고등어

닭가슴살

혈당치 조절과 산소 교환을 돕는다

히스티딘은 필수 아미노산으로 단백질의 원료이기도 하며 당원성 아미노산입니다. 그 외에도 히스타민, 안세린, 카르노신 등 생리 활성 물질의 전 단계 물질로서 중요합니다.

히스티딘에는 이미다졸기라고 하는 특수한 성질을 지니는 부분이 있어서 효소 활성의 핵심 역할이나 단백질 분자 내 수소 이온 이동에 관여합니다. 적혈구의 헤모글로빈에서 산소를 주고받는 일에도 관여합니다.

부족하거나 너무 많아지면?

히스티딘을 전혀 함유하지 않은 특수한 정제식을 이용한 실험에 따르면 결핍 시 새끼 고양이의 경우 성장 불량과 몸무게 감소의 원인이 된다는 보고가 있습니다. 과잉증에 대한 연구 결과는 아직까지 보고된 바가 없습니다.

고양이에게 필요한 영양소

아르지닌

요소 회로 과정을 돕는 필수 아미노산

아르지닌이 풍부한 식품

닭 안심

닭가슴살

돼지 안심

돼지 등심

참치

혈당치 조절과 간의 해독 작용을 돕는다

아르지닌은 고양이의 필수 아미노산입니다. 생체에 유해한 암모니아를 요소로 바꿔서 독성을 없애는 대사 경로를 '간에서 이루어지는 요소 회로' 또는 '오르니틴 회로'라고 합니다. 아르지닌은 아르기나아제의 작용으로 오르니틴과 요소로 가수 분해됩니다.

또한 알파케토글루타르산이 되어 구연산 회로의 옥살로아세트산에서 당신생 과정의 경로로 들어가는 당원성 아미노산이기도 합니다.

부족하거나 너무 많아지면?

아르지닌을 전혀 함유하지 않은 특수 정제식을 이용한 실험에서는 구토, 타액 과다, 설사, 몸무게 감소, 식욕 감퇴 등의 증상을 동반하는 고암모니아혈증이 나타났습니다. 과잉증에 대한 연구 결과는 아직까지 보고된 바가 없습니다.

고양이에게 필요한 영양소

타우린

고양이는 합성할 수 없는 필수 아미노산

타우린이 풍부한 식품

소화나 신경 전달에 관여

타우린은 사람의 경우 함황 아미노산(시스테인)에서 합성되므로 아미노산으로 표기되는 경우가 있으나 카복시기를 갖지 않기 때문에 아미노산이 아니며 단백질의 원료도 되지 않습니다.

그러나 고양이에게는 타우린을 합성하는 효소가 없는 탓에 결핍되면 중심 망막 퇴화와 확장형 심근증이 생기므로 필수 영양소입니다. 심장, 근육, 간, 신장, 폐, 뇌 등에서 소화와 신경 전달에 관여합니다.

부족하거나 너무 많아지면?

1975년 아예스(Hayes) 등의 학자들은 당시의 고양이 사료를 먹이면 고양이의 눈이 안 보이게 되는 이유가 타우린 부족에 따른 중심 망막 퇴화라고 보고했습니다. 또 다른 결핍 현상으로 심근증에 대한 보고가 있으며 과잉증에 대한 보고는 없습니다.

고양이에게 필요한 영양소

리놀레산

식물만 만들 수 있는 오메가6 지방산

리놀레산이 풍부한 식품

해바라기유

면실유

옥수수유

콩기름

참기름

동물은 합성할 수 없기 때문에 식물성 기름은 필수다

일반적으로 지방산은 세포 내에서 만들어집니다. 탄소를 두 개씩 연결해가는 방식으로 합성되어 필요에 따라 '지방산 불포화화 효소'로 이중 결합이 추가되어 불포화 지방산이 됩니다. 이 효소는 이중 결합으로 생기는 부위가 정해져 있으며, 이때 끝에서 여섯 번째에 이중 결합을 넣는 효소가 식물에만 있습니다. 리놀레산은 식물성 재료로 섭취해야 하는 고양이의 필수 영양소입니다.

부족하거나 너무 많아지면?

리놀레산 등의 필수 불포화 지방산이 부족하면 피부 건조, 피부 윤기 상실, 비듬, 불임, 지방간, 식욕 저하, 몸무게 감소 등의 증상이 나타납니다. 한편 과잉증에 대한 보고는 아직까지 없습니다.

고양이에게 필요한 영양소

알파리놀렌산

식물이 주는 혜택
오메가3 지방산의 원료

알파리놀렌산이 풍부한 식품

들깨(말린 것)

유채 기름

콩기름

마요네즈

콩

식물만 만들 수 있는 오메가3 지방산의 뿌리

알파리놀렌산은 오메가3 지방산의 원료가 되며 해산물에 많이 함유되어 있습니다. 오메가6 지방산과 마찬가지로 오메가3 지방산도 동물은 체내 합성을 할 수 없으므로 식물 플랑크톤이 합성해준 것을 먹은 생선, 해조류, 기타 식물이 원료가 됩니다.

일반적으로 알파리놀렌산에서 EPA나 DHA가 합성되나 변환 효율이 떨어질 수 있기 때문에 EPA나 DHA도 따로 섭취하는 것이 좋습니다.

부족하거나 너무 많아지면?

알파리놀렌산 등의 필수 불포화 지방산이 부족하면 피부 건조, 피부 윤기 상실, 비듬, 불임, 지방간, 식욕 저하, 몸무게 감소 등의 증상이 나타납니다. 과잉증에 대한 보고는 아직까지 없습니다.

고양이에게 필요한 영양소

아라키돈산

합성 효소의 수가 적은
고양이의 필수 지방산

아라키돈산이 풍부한 식품

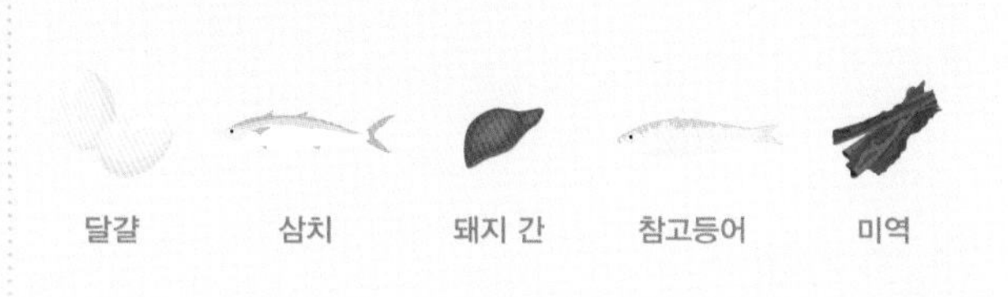

아라키돈산은 동물성 재료에 풍부하다

사람의 경우 오메가6 지방산인 아라키돈산은 리놀레산(오메가6 지방산)에서 만들어지지만 고양이의 경우에는 합성 효소 작용으로 필요한 양을 직접 얻을 수는 없습니다. 아라키돈산은 식물성 재료보다는 주로 동물성 재료에 함유되어 있습니다,

부족하거나 너무 많아지면?

아라키돈산 등의 필수 불포화 지방산이 부족하면 피부 건조, 피부 윤기 상실, 비듬, 불임, 지방간, 식욕 저하, 몸무게 감소 등의 증상이 나타납니다. 과잉증에 대한 보고는 아직까지 없습니다.

균형 잡힌 식사를 위한 고양이 영양학 지식

채소와 곡물은
육류를 제외한 나머지 양에서
비율을 1대 1로 합니다.

동물성 단백질이
중심입니다.

육류(정육+내장)의 비율은
재료 전체의 50~80%입니다.

수분을 듬뿍
함유할 수 있도록 해주세요.

고양이 음식 만들 때 주의할 점 6가지

이건 꼭 지켜요!

① 필수 아미노산인 타우린 섭취를 위해 동물성 단백질이 꼭 필요하다

→ 육류와 생선을 먹이면 충분해요.

② 필수 지방산은 리놀레산, 알파리놀렌산, 아라키돈산 세 가지

→ 식물성 기름과 동물성 지방 모두 중요해요.

③ 고양이는 베타카로틴에서 비타민 A를 합성할 수 없다

→ 비타민A는 주로 간에 함유되어 있어요.

④ 고양이는 개보다 탄수화물 소화력이 약하다

→ 억지로 감자, 고구마, 쌀밥을 먹이지 않아도 OK!

⑤ 고양이는 나이아신 요구량이 높다

→ 나이아신은 닭고기나 생선(가다랑어나 방어 등)에 함유되어 있어요.

⑥ 비타민 B1을 분해하는 티아미나아제라는 효소는 열에 약하다

→ 어류(내장 포함), 조개류, 갑각류(게, 새우 등)는 반드시 익혀 먹이세요.

수제 음식은 이렇게 적응시키자

고양이의 식습관을 바꾸기 어려운 이유

주변 환경에 적응한 생물이 자손을 남기며 그러하지 못하면 멸종합니다. 사소한 실수도 목숨을 앗아가는 자연 도태의 힘 아래에서 경계심이 강하고 신중한 개체가 살아남습니다.

식물은 천적으로부터 몸을 보호해야 할 때 달아날 수 없기 때문에 대부분이 양의 차이는 있지만 알칼로이드와 같은 독성분을 함유하고 있습니다. 이처럼 천연물이 유해물질을 함유하고 있기 때문에 똑같은 것을 계속 먹으면 중독될 가능성이 있습니다. 몸을 보호하기 위해 '싫증'을 느끼는 개체가 살아남았다는 설이 있습니다. 고양이의 식사량이 일정하지 않은 것은 사실 몸을 보호하기 위한 자연스러운 성질일 수 있습니다.

생후 6개월까지 먹은 것은 음식으로 각인되지만, 나머지는 음식으로 인식조차 하지 않을 수 있습니다. 그러므로 무리하지 않으면서 이유기부터 최대한 많은 음식을 먹여보는 것이 좋습니다. 보통 생후 6개월이 지나고 수제 음식을 도입하기 때문에 이행하는 데 어려움을 겪는 분이 꽤 많습니다.

건식 사료는 자동반사적으로 나타나는 고양이의 경계심을 풀 수 있을 만큼 매력적인 향기를 내뿜어서 날마다 똑같은 음식임에도 잘 먹습니다. 그런데 수제 음식은 먹이기까지의 과정이 어려울 수 있습니다. 고양이의 식습관을 단번에 바꾸기는 어려우며(가능한 고양이도 있음) 서서히 바꿔나가야 합니다.

수제 음식으로의 이행 프로그램

일수	지금까지의 식사량	수제 음식 식사량
1~2일차	9	1
3~4일차	8	2
5~6일차	7	3
7~8일차	6	4
9~10일차	5	5
11~12일차	4	6
13~14일차	3	7
15~16일차	2	8
17~18일차	1	9
19~20일차	0	10

수분 섭취 포인트

고양이는 건조지대에서도 살아가기 위하여 체내 수분을 재활용하는 능력이 뛰어난 동물로, 일부 고양이는 물을 잘 마시지 않기도 합니다. 그래서 요로결석증에 걸리기 쉬운 신체를 가지고 있지요. 음식으로 수분을 섭취시키는 방법이 자연스럽습니다. 통조림은 건식 사료보다 5~7배의 수분량을 함유하고 있습니다. 또, 물을 그냥 놓아두지만 말고 고기나 생선을 끓인 국물을 주면 잘 먹습니다.

새로운 식사에 적응할 시간이 필요하다

중요한 점은 고양이 몸속에 체내 환경을 일정하게 유지하는 기능이 있다는 것입니다. 그래서 어떠한 변화가 일어나면 조절을 위해 또 다른 변화가 일어납니다. 이는 필요한 변화이며 병은 아닙니다.

이를테면 식사를 바꿀 경우 설사를 할 수 있는데 건강하다면 크게 걱정하지 않아도 됩니다. 이는 음식의 질이 달라진 탓에 장속에서 증식하는 장내 세균의 종류가 변화하여 재설정의 의미로 설사를 하는 것이므로 바뀐 식단을 중단할 필요는 없습니다.

고양이 입맛에 딱 맞는 집밥 만들기

서서히 수제 음식으로 바꾼다

앞에서도 설명했지만 고양이는 신중한 동물입니다. 그래서 식사를 갑자기 바꾸면 먹지 않을 수 있습니다. 잘 먹게 하려면 서서히 바꾸며 고양이에게 맞는 접근 방식을 찾아야 합니다.(갑자기 바꿔도 괜찮을 수 있습니다.) 초조해하거나 당황하지 말고 고양이의 페이스에 맞춰주세요.

좋아하는 음식을 찾는다

재료의 종류, 온도, 자르는 크기, 조리법(찜, 조림, 구이, 볶음) 등에 따라 음식에 대한 선호도가 달라질 수 있습니다.

좋아하는 음식의 종류를 조사하기 위해 여러 가지 재료를 접시 위에 조금씩 올려놓고 어느 것을 먹는지 일주일 정도 관찰합니다. 그런 다음 어떻게 조리하면 식욕을 보이는지 조사합니다. 크기는 지름 7~8밀리미터, 온도는 사람의 체온 정도가 인기 있는 모양이에요.

냄새를 고안한다

고기를 삶으면 육즙이 빠져나오는 탓에 퍼석퍼석하고 맛없게 느끼는 경우가 있는 듯합니다.(개체차 있음) 그럴 때 똑같은 고기를 굽거나 볶아주면 잘 먹기도 합니다. 또 날 음식을 맛있게 먹는 고양이도 있습니다. 여러 고양이와 함께 생활한다면 고양이마다 다른 입맛을 가지고 있는 걸 볼 수 있습니다.

시식 테스트로 좋아하는 음식을 찾자

고양이가 무엇을 먹을지는 날마다 달라지겠만, 그래도 비교적 선호하는 음식을 파악하기 위해 여러 가지를 접시 위에 담아준 뒤 어떤 것을 먹는지 일주일 정도 관찰합니다. 그런 다음 많이 먹은 재료를 중심으로 조리법을 구상합니다.

step1 어느 재료를 잘 먹을까?

우리 집 고양이는 달콤한 멜론이나 옥수수를 매우 좋아했어요.(그렇다고 이것만 먹은 것은 아닙니다.) 고양이마다 선호하는 음식이 다르므로 애써 만들었는데 다 남기는 일이 생기지 않도록 미리 조사해보기 바랍니다.

step2 어떤 모양을 좋아할까?

현재 먹고 있는 건식 사료 정도의 크기가 식도를 부담 없이 통과하는 크기라고 생각하고 그만한 크기로 만드는 것부터 시작해 봅시다. 큼지막해도 먹을 수 있다는 것을 고양이가 알게 되면, 그때부터는 시간과 수고가 줄어듭니다.

step3 무엇과 함께 섞으면 좋을까?

닭고기 + 파프리카

닭고기 + 소송채

닭고기 + 무

각각의 재료는 잘 먹지만 함께 섞으면 안 먹거나 이와 반대로 같이 섞어야 먹는 경우도 있으니 여러 가지를 시도해보세요.

고양이가 잘 먹는 음식

닭고기

영양소

단백질, 비타민A, 나이아신, 철, 아연

영양 효과

동맥경화 예방, 간 기능 강화, 피부 및 점막 건강 유지, 비만 방지, 체온 상승

조리법

생식용 닭고기가 유통되지 않는 이상 익혀 먹는 것이 기본이지만, 날것도 문제가 없다면 날로도 먹일 수 있어요.

돼지고기

영양소

단백질, 비타민B1, 비타민B2, 철

영양 효과

피로 해소, 체력 증강, 혈액순환 촉진, 피부 건강 유지, 빈혈 대처, 동맥경화 예방

조리법

톡소포자충(톡소플라스마) 등의 병원성 미생물이 있을 수 있어 익혀서 먹여야 하는 재료예요.

소고기

영양소

단백질, 비타민B2, 콜린, 철, 아연

영양 효과

성장 촉진, 빈혈 대처, 동맥경화 대처, 피부 건강 유지, 뼈 강화

조리법

지방이 적은 붉은 살 부분을 활용하고 생식용 고기가 유통되지 않는 이상 화식을 추천합니다.

내장류

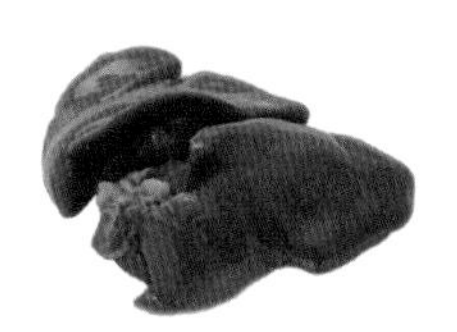

영양소

단백질, 비타민A, 비타민B6, 철, 아연

영양 효과

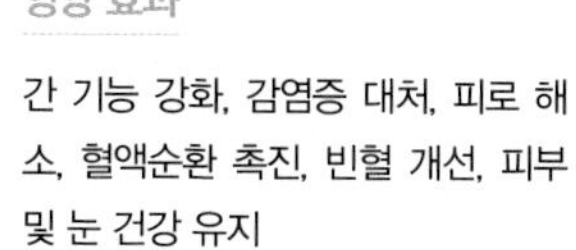

간 기능 강화, 감염증 대처, 피로 해소, 혈액순환 촉진, 빈혈 개선, 피부 및 눈 건강 유지

조리법

독특한 풍미를 좋아하는 고양이가 있는가 하면 싫어하는 고양이도 있습니다. 익혀서 먹이는 것이 안전해요.

기타 육류

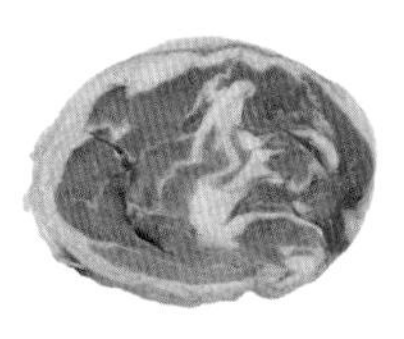

※ 위 사진은 양고기

영양소

단백질, 비타민A, 나이아신, 철, 카르노신

영양 효과

빈혈 · 냉증 개선, 빈혈 대처, 혈액순환 촉진, 지방 연소 촉진, 피부 및 눈 건강 유지

조리법

독특한 풍미를 좋아하는 고양이가 있는가 하면 싫어하는 고양이도 있습니다. 익혀서 먹이는 것이 안전해요.

달걀

영양소

단백질, 비타민A, 비타민B2, 철

영양 효과

체력 증강, 병 앓이 후 회복, 피부 · 점막 · 눈 건강 유지, 뇌 기능 유지

조리법

삶은 달걀이 안전하지만 날로 먹여도 큰 문제는 없습니다.
(185쪽 참조)

대구

영양소

단백질, 비타민D, 비타민E, EPA, DHA

영양 효과

비만 방지, 혈액순환 촉진, 간 기능 개선 및 강화, 치아 및 뼈 강화, 당뇨병 대처

조리법

지방이 적은 대구는 다이어트식으로 좋습니다. 익히든, 날로 먹이든 고양이가 좋아하는 방식으로 조리해주세요.

연어

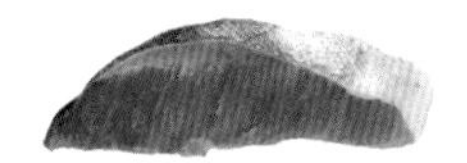

영양소

단백질, EPA, DHA, 비타민D, 비타민E

영양 효과

항염증 작용, 항산화 작용, 혈액순환 촉진, 동맥경화 예방, 조골 강화(뼈 생성 활성화), 피로 해소

조리법

연어를 불에 구워 살을 발라주면 아주 잘 먹는 고양이가 많아요. 토핑으로 사용하기 좋습니다.

청어

영양소

단백질, 비타민D, 비타민E, EPA, DHA

영양 효과

성장 촉진, 동맥경화 예방, 항염증 작용, 혈액순환 촉진, 혈전 대처, 뼈 강화

조리법

구이나 완자 등 사람이 먹는 음식과 비슷하게 조리할 수 있습니다. 신선도 관리에 주의하세요!

가다랑어

영양소

단백질, 타우린, 비타민E,
비타민B12, EPA, DHA

피로 해소, 스태미나 강화, 혈액순환 촉진, 혈전 예방, 치아 및 뼈 강화, 빈혈 예방

조리법

사람이 먹는 방식대로 구이, 다타키, 회로 먹일 수 있어요. 처음 먹는 가다랑어에 흥분하는 고양이가 많습니다!

참치

영양소

단백질, 비타민D, EPA, DHA, 철

영양 효과

혈액순환 촉진, 혈전 예방, 동맥경화 예방, 심장병 예방, 항염증 작용, 항알레르기 작용

조리법

날로 먹이든, 익혀 주든 상관없습니다. 참치 통조림을 아주 좋아하는 고양이가 많아요.

도미

영양소

단백질, 타우린, 비타민E,
비타민B1, EPA, DHA

피로 해소, 스태미나 강화, 혈액순환 촉진, 혈전 예방, 치아 및 뼈 강화, 빈혈 예방

조리법

지방이 적은 도미는 다이어트식으로 좋습니다. 익히든, 날로 먹이든 고양이가 좋아하는 방식으로 조리해주세요.

가다랑어포

영양소

단백질, 타우린, 비타민E, 비타민B12, EPA, DHA

영양 효과

피로 해소, 스태미나 강화, 혈액순환 촉진, 혈전 예방, 치아 및 뼈 강화, 빈혈 예방

조리법

풍미를 더하기 위해서 토핑으로 사용합니다. 식사에 수분이 많으면 염분은 걱정하지 않아도 됩니다!

마른 멸치

영양소

단백질, EPA, DHA, 철, 아연, 칼슘

영양 효과

치아 및 뼈 강화, 정신 안정, 성장 촉진, 동맥경화 대처, 혈액순환 촉진, 혈전 예방

조리법

통째로 줘도 되고, 육수를 내서 줘도 됩니다. 미네랄이 걱정이라면 충분한 수분 섭취가 답입니다.

벚꽃새우

영양소

단백질, 타우린, 칼슘, 철, 아연

영양 효과

간 기능 강화, 치아 및 뼈 강화, 피로 해소, 정신 안정, 당뇨병 예방, 심장 강화

조리법

말린 벚꽃새우는 토핑이나 국물 맛을 내는 조미료로 편리해요.

가리비 관자

영양소

단백질, 아연, 비타민B12, 타우린, 셀렌

영양 효과

간 기능 강화, 당뇨병 예방, 빈혈 개선, 심장 강화, 혈중 콜레스테롤 수치 안정화

조리법

신선한 관자를 익혀서 먹여야 합니다. 말린 관자는 저칼로리 간식으로 좋아요.

파래

영양소

베타카로틴, 요오드, 아연, 철, 칼슘, 식이섬유

영양 효과

치아 및 뼈 강화, 빈혈 예방, 정신 안정, 갑상샘 기능 안정화, 변비 예방

조리법

구운 파래를 아주 좋아하는 고양이가 많습니다. 밥 위에 뿌려주면 흥분하는 고양이도 있어요.

해조류

영양소

베타카로틴, 요오드, 아연, 철, 칼슘, 식이섬유

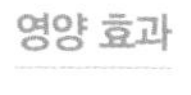

치아 및 뼈 강화, 빈혈 예방, 정신 안정, 갑상샘 기능 안정화, 변비 예방

조리법

식이섬유는 소화되지 않고 변으로 배출됩니다. 잘게 썰어 끓인 수프 형태로 활용하는 방법도 좋아요.

브로콜리

영양소

식이섬유, 비타민C, 엽산, 크롬, 칼슘

영양 효과

피부 및 뼈 건강 유지, 변비 대처, 항산화 작용, 당뇨병 예방, 동맥경화 예방

조리법

살짝 데쳐서 먹이세요. 브로콜리를 좋아하는 고양이가 많아서 집사들이 종종 깜짝 놀라곤 한답니다.

옥수수

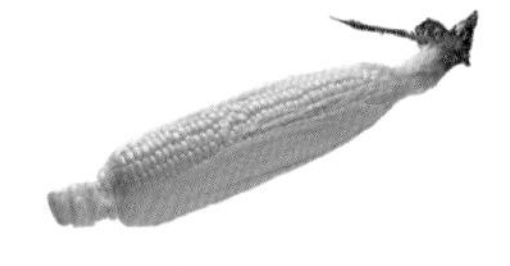

영양소

당질, 단백질, 비타민B1, 제아잔틴

영양 효과

피부 및 점막 보호, 장 청소 효과, 변비 대처, 암 억제, 동맥경화 대처, 알레르기 대처

조리법

삶아서 먹이세요. 우리 집 고양이는 달콤한 옥수수를 무척 좋아했어요.

호박

영양소

당질, 비타민C, 비타민E, 셀렌, 식이섬유

영양 효과

피부 및 점막 건강 유지, 변비 개선, 당뇨병 예방, 항산화 작용, 피로 해소

조리법

연해질 때까지 삶아서 주면 육식동물 맞나 싶게 신나서 맛있게 먹는 모습을 볼 수 있어요.

당근

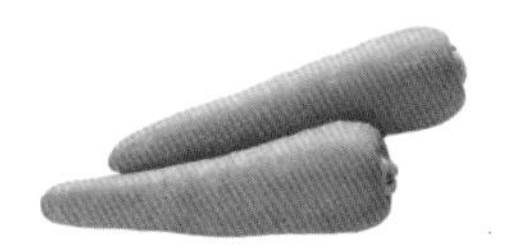

영양소

나이아신, 비타민C, 리코펜, 안토시아닌

영양 효과

피부 및 점막 건강 유지, 변비 개선, 항산화 작용, 혈액순환 촉진, 체온 상승

조리법

데치면 부드러워지고 단맛이 나서 그걸 잘 먹는 고양이가 있습니다. 토핑으로 아주 좋아요.

데친 풋콩

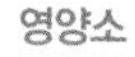

영양소

단백질, 나이아신, 칼슘, 철, 사포닌

영양 효과

변비 해소, 장 청소 효과, 피로 해소, 이뇨 효과, 부종 대처, 동맥경화 예방

조리법

데쳐서 그대로 먹여도 좋고 갈아 으깨서 먹여도 좋습니다. 단, 배가 땡땡해질 경우에는 먹이지 않습니다.

표고버섯 국물

영양소

판토텐산, 나이아신

영양 효과

수분 흡수 촉진

조리법

마른 멸치나 고기 육수로도 입맛이 없을 때, 표고버섯 국물을 먹이면 신기하게도 식욕이 돌아오는 걸 볼 수 있을지 모릅니다.

빵

영양소

당질, 단백질

영양 효과

에너지원

조리법

빵을 무척 좋아하는 고양이가 꽤 많습니다. 충분한 수분을 공급해주면 염분은 걱정하지 않아도 돼요.(19쪽 참조)

쌀밥

영양소

당질, 단백질, 이노시톨, 감마오리자놀

영양 효과

에너지원, 장 청소 효과, 암 억제, 동맥경화 예방, 지방대사 촉진

조리법

고양이의 주식은 아니지만, 인터넷상에 갓 지은 쌀밥을 신나게 먹는 고양이 동영상이 있을 정도로 친숙한 재료입니다.

감자, 고구마류

영양소

당질, 비타민B1, 비타민C, 식이섬유

영양 효과

피부 및 뼈 건강 유지, 정신 안정, 항스트레스 작용, 변비 개선, 위와 장을 튼튼하게 한다

조리법

고양이는 육식동물이지만 감자류를 좋아하는 고양이도 있습니다. 쪄서 먹이면 좋아요.

유부

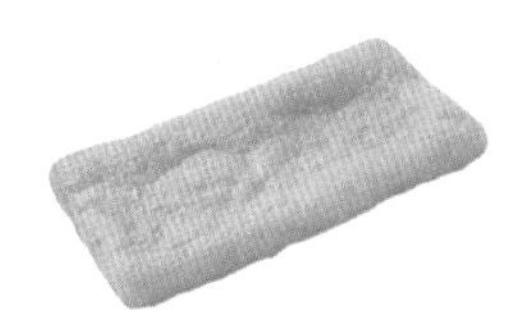

영양소

단백질, 지방, 탄수화물, 칼슘, 비타민E

영양 효과

간 기능 강화, 항산화 작용, 동맥경화 예방, 혈중 콜레스테롤 수치 저하, 혈전 예방

조리법

독특한 풍미를 좋아하는 고양이가 많습니다. 국물에다 넣거나 구워서 먹여보세요.

유제품

영양소

단백질, 비타민A, 칼슘, 락토페린

영양 효과

성장 촉진, 치아 및 뼈 건강 유지, 정신 안정, 간 기능 강화, 장 청소 효과, 변비 개선

조리법

성묘가 되면 먹일 필요 없지만 풍미를 좋아할 경우 식욕 증진 목적으로 이용할 수 있습니다.

식물성 기름

영양소

지방, 올레산, 리놀레산, 비타민E, 비타민K

영양 효과

동맥경화 예방, 뼈 강화, 혈중 콜레스테롤 수치 저하, 당뇨병 대처, 변비 해소

조리법

완성된 식사에 그냥 뿌려도 좋고 채소를 볶을 때 활용할 수도 있습니다.

기본적인 재료 손질법과 조리법

고양이 목에 쥐가 걸리지 않는 이유

고양이는 쥐나 생선을 먹을 때 삼키기 쉽게 스스로 물어뜯어서 먹습니다. 음식을 먹다 목에 걸려 질식하는 일 없이 잘 진화해왔기 때문이지요. 그러므로 고양이가 자신의 방식대로 음식물을 삼키도록 그대로 맡겨도 되지만, 혹여나 하는 마음에 재료를 자르는 크기를 물어보는 분이 많습니다.

지름 7~8밀리미터 정도의 음식까지 식도를 통과할 수 있습니다. 건식 사료의 지름을 기준으로 삼아도 좋습니다. 페이스트 상태를 좋아하는 고양이도 있어요.

육류나 생선도 날것, 국물이 있는 것, 찜, 구이, 볶음을 좋아하는 등 성향이 다양합니다. 어제는 구워줬더니 잘 먹었지만 오늘은 날것을 줘야 먹는 등 그날그날 달라지는 고양이도 있어요. 이렇게 입맛을 알아가는 것도 고양이와 함께 하는 즐거움 중 하나입니다.

고양이의 하루 영양소 필요량

※몸무게 1킬로그램당 고양이와 개의 하루 영양소 필요량 비교

	고양이	개
단백질(g)	7.0	4.8
지방(g)	2.2	1.0
칼슘(g)	0.25	0.12
염화나트륨(g)	0.125	0.10
철(mg)	2.5	0.65
비타민A(IU)	250	75
비타민D(IU)	25	8
비타민E(IU)	2.0	0.5

바쁜 집사를 위한 요리 아이템

식품 분쇄기

건조식품을 통째로 갈아 분말 상태로 만들어 영양분을 섭취시키고 싶을 경우에 '식품 분쇄기'를 사용합니다. 토핑용 가루를 만들 때 활용하면 좋습니다. 마른 멸치나 벚꽃새우, 해조류, 말린 표고버섯 등을 가루내기 적합합니다.

푸드 프로세서

위에서 소개한 식품 분쇄기는 건조식품을 곱게 갈 때 쓴다면 푸드 프로세서는 수분을 함유한 음식 재료를 자르고 갈고 다지기 위한 도구입니다. 식품 분쇄기는 모든 것을 잘게 갈아버리지만 푸드 프로세서는 입자의 고운 정도, 크기를 자유롭게 설정할 수 있어서 편리합니다.

전자레인지용 압력 냄비

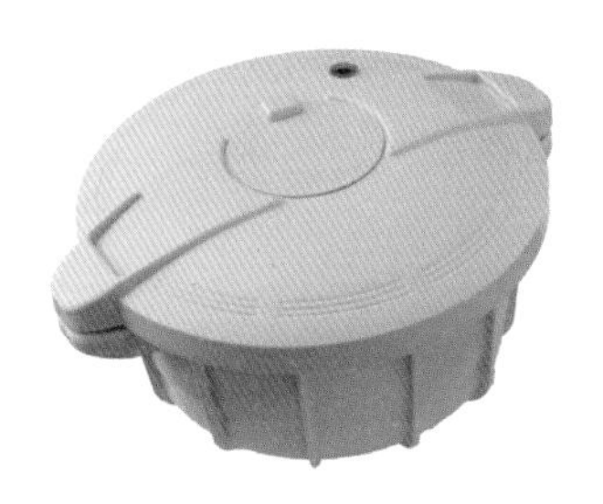

압력 냄비는 건더기를 짧은 시간 안에 부드럽게 만드는 데 편리합니다. 그렇지만 고양이밥은 한꺼번에 만들더라도 일반적인 압력 냄비를 사용하기에는 조리하는 양이 적어서 적합하지 않습니다. 시중의 전자레인지용 압력 냄비를 한번 써보세요.

수제 음식 보관법

미리 만들어두면 만드는 시간과 노력을 줄일 수 있다

손이 덜 간다고 표현해 죄책감을 느끼지 말고 시간을 절약하는 합리적이고 효율적인 똑똑한 고양이 집사라고 생각하세요. 이 표현은 우리 병원에 찾아온 집사들이 알려줬는데 저는 지금도 그 말을 빌려 잘 쓰고 있습니다.

"바빠서 못 만든다고 하니 주위 사람들이 그럴 거면 키우지 말라고 해요."라며 고민하는 집사도 냉동 팩 등을 활용해 휴일에 한꺼번에 만들어 보관해놓고 식사 때마다 해동하면 됩니다. '냉동한 음식을 해동하면 영양소가 줄어들지 않을까?'라고 우려하는 분도 계실 텐데 실제로 약간은 줄어들지만 몸에 악영향을 미칠 정도로 줄어드는 것은 아니기 때문에 사실 큰 문제는 아닙니다.

한 끼 분량씩 나눠서 보관하고, 냉동과 해동을 여러 번 반복하지 않는 것이 중요합니다. 또한 여기저기에 응용할 수 있도록 채소와 육류는 따로 나눠 보관합니다. 먹일 때마다 섞는 방식으로 다양한 조합을 해보세요.

얼음 트레이나 보관 팩을 잘 활용한다

고양이의 한 끼에 필요한 국물 양은 아주 적으므로 냉동 팩에 보관하기보다 얼음 트레이를 사용하는 것이 편리합니다.

냉동 팩에 얼릴 때 채소, 육류, 생선을 다 같이 섞으면 변색, 변질되는 경우가 있으니 나눠서 보관하도록 합시다. 채소류는 익힌 뒤 보관해야 하고 육류는 냉장 2~3일, 냉동 1개월 안에 소비해야 합니다.

신선도 유지를 위한 올바른 보관법

재료는 섞지 않는다

재료에 함유된 성분끼리 화학 반응을 일으켜 변색되거나 변질될 가능성이 있습니다. 기본적으로 육류, 어류, 채소류를 각각 나눠 냉동 팩에 넣고 공기를 빼서 납작하게 만든 뒤 냉동합니다. 공기와의 접촉은 변질의 원인이 됩니다.

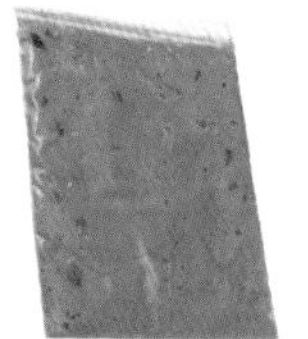

채소는 익혀서 냉동한다

채소는 육류나 생선과 달리 생으로 급속 냉동하면 어는 동안 세포 내에서 효소 반응 등이 진행되어 해동할 때 변색되거나 섬유질이 딱딱해져 모양이 망가집니다. 이를 방지하기 위해 익혀서 보관합니다. 물론 채소의 종류에 따라서는 가열하지 않고 냉동하기도 합니다.

냉동 가능한 최대 기간은 1개월

가정용 냉장고는 자주 열었다 닫았다 하기 때문에 습도 차가 꽤 생깁니다. 그 결과 세포막 파괴 등이 일어나 재료의 질이 떨어집니다. 죽지 않고 살아남는 잡균이 많이 증식하지는 않지만 위생이나 풍미를 고려하면 1개월 정도 안에 다 먹는 것이 좋습니다.

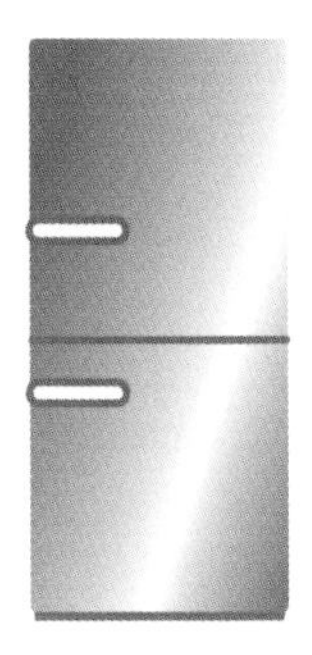

시작은 토핑부터

성공 비결은 조금씩 바꿔나가기

고양이는 생후 6개월 무렵까지 먹어온 것은 음식으로 인식하지만, 그 후에 접한 음식에는 정상적인 경계심을 나타내며 '이건 이제껏 먹어본 적이 없는데 과연 음식일까?'라는 생각부터 합니다.

따라서 새로운 식사로 바꿀 때는 '조금씩 섞기'가 기본입니다. 서두르지 않고 잘 먹을 때까지 천천히 기다려주는 것이 중요합니다.

추천 레시피

닭 껍질 수프

재료

닭 껍질 …… 적당량
물 …… 한 냄비

만드는 방법

❶ 닭 껍질을 물로 살짝 씻고 뜨거운 물에 넣어 1분 정도 데친다.
❷ 냉수에 담가 닭 껍질에 붙어 있는 내장과 거무스름한 부분을 제거한다.
❸ 냄비에 물과 적당한 크기로 자른 닭 껍질을 넣고 삶는다. 물이 팔팔 끓으면 약불로 줄이고 거품을 제거해가며 1~2시간 약불로 푹 끓인다.
❹ 식힌 ❸을 얼음 트레이에 붓고 냉동 보관한다.

뿌려 먹는 닭 안심

재료

닭 안심

만드는 방법

❶ 닭 안심을 쪄서 식힌 뒤 잘게 찢는다.
❷ ❶을 프라이팬에 볶은 뒤 푸드 프로세서에 넣어 분말 상태로 만든다.
❸ ❷를 밀폐 용기에 넣고 냉동 보관한다.

밀폐 용기에 담아
냉동 보관해요~!

고양이 집밥 초심자를 위한 팁 3가지

좋아하는 음식을 맨 위에 올린다

우선 관심을 끄는 것이 중요합니다. 제일 좋아하는 걸 맨 위에 뿌리면 일단 먹게끔 유도할 수 있습니다. 맨 윗부분만 먹고 아랫부분은 먹지 않을 경우에는 아래쪽에 좋아하는 음식을 섞어 넣고 위쪽에도 뿌리는 방식을 추천합니다.

맛있게 만든다

식욕을 돋우는 비법은 뭐니뭐니 해도 맛 내기입니다. 음식에 개다래(덩굴식물의 일종) 가루를 뿌려주면 식욕이 솟아난다는 사실을 아는 집사도 있을 텐데요. 건식 사료는 고양이가 싫증 내지 않도록 맛에 크게 신경을 써서 고안합니다. 수제 음식은 익히기, 구이, 볶음 등의 방법으로 고양이의 관심을 끌 수 있답니다. 온도도 중요합니다. 미지근한 걸 좋아해요.

걸쭉하게 만든다

고양이 통조림 내용물이 걸쭉한 이유는 고양이가 걸쭉한 느낌을 아주 좋아하기 때문입니다. 칡가루이나 녹말을 사용해 중국식 덮밥처럼 걸쭉하게 만들어도 좋고, 채소·생선·육류 등의 재료를 부드럽게 삶은 뒤 국물과 함께 믹서로 갈아 걸쭉하게 해 한천으로 굳히는 방법도 있습니다.

고양이 생식·화식 기본 조리법

수제 음식은 자연스러운 건강 유지 활동을 돕는다

고양이는 단백질을 당질과 지방으로 바꿀 수 있습니다. 당질이 지방으로, 지방이 당질로 변하는 것은 가능하지만 당질과 지방에는 질소 원자가 없기 때문에 단백질로는 변화할 수 없습니다.

즉 고양이는 단백질이 있으면 당질은 없어도 살아갈 수 있습니다. 그런데 이상하게도 이 말이 '고양이에게 당질을 많이 함유한 곡물을 먹이면 위험하다' '고양이에게 곡물을 먹이는 것은 부담이다'라는 말로 와전되었습니다.

없어도 살아갈 수 있는 것과 먹으면 안 되는 것은 별개이며 원래 먹지 않았다는 것과 새로운 음식에 적응할 수 있다는 것도 별개입니다. 곡물을 먹으면 안된다는 주장을 믿어온 분들에게 드리고 싶은 말은 고양이는 '잡식에 대처할 수 있는 육식'을 하므로 기본적으로 뭐든지 먹어도 된다는 것입니다. 하지만 '완전한 채식'을 할 수는 없다는 건 기억해 주시길 바랍니다.

또한 65쪽을 참고하여 적절히 비율을 조절해도 상관없습니다. 여기서 전달하고 싶은 점은 식사에 반드시 고기나 생선과 같은 동물성 재료가 필요하다는 겁니다. 그리고 베타카로틴을 비타민A로 변환하지 못하는 것과 같은 고양이만의 특징에 맞춰(22~23쪽 참조) 특정 영양소는 꼭 음식으로 섭취해주어야 합니다.

고양이는 필요한 영양소에 맞게 신체 기능을 조절하는 능력이 있으므로, 생심장만 3개월 동안 계속 먹이는 식의 극단적인 식사를 주지 않는다면 걱정하지 않아도 괜찮습니다.(19쪽 참조)

기본 조리법

수제 음식 = 육류, 생선류 7: 채소류 2 : 곡물 1+α

이 비율이 절대적인 것은 아니므로, 고양이에 맞게 적절히 조절할 수 있습니다. 육류와 생선이 더 많아야 먹는 고양이도 있고 채소를 더 먹고 싶어 하는 고양이도 있습니다. 그렇지만 완전히 채식만 할 수는 없습니다. 뚱뚱해지지 않도록 이 비율을 기준으로 삼아 참고하세요.

단백질 듬뿍 생식

❶ 쌀밥을 지어놓는다.
❷ 채소를 잘 씻어서 다지고 식물성 기름을 사용해 볶는다.
❸ 육류(생선)는 한입 크기로 자른다.
❹ ❶ 한 큰술(12g)을 그릇에 넣고 ❷, ❸, 마른 멸치 가루를 뿌려서 다 함께 뒤섞는다.

화식

❶ 쌀밥을 지어놓는다.
❷ 채소를 잘 씻어서 다진다.
❸ 육류(생선)는 한입 크기로 자르고 ❷, 식물성 기름과 함께 볶는다.
❹ ❶ 한 큰술(12g)을 그릇에 넣고 ❸과 마른 멸치 가루를 뿌린다.
❺ 다 함께 뒤섞는다.

약속!

사람이 날로 먹지 않는 식재료는 익혀주세요!

[한 끼 …… 70~100g 하루 두 끼 정도]

※ 개체마다 양의 부족함과 많음은 차이가 있습니다.

고양이의 상황에 맞춰 양이나 식사 횟수를 조절해보기 바랍니다.

레시피 1

소화가 잘되는 닭고기 덮밥

소화 흡수율 95퍼센트의 닭고기로 만든 밥

재료

닭고기 ······ 40g
호박 ······ 10g
양송이 ······ 1g
양배추 ······ 5g
쌀밥 ······ 1큰술
식물성 기름 ······ 4작은술
마른 멸치 가루 ······ 적당량

—

생식과 화식 중에서 고양이 기호에 맞춰 선택한다.

만드는 방법

생식

❶ 쌀밥을 짓는다.
❷ 호박, 양송이, 양배추를 잘 씻어서 다지고 식물성 기름을 사용해 볶는다.
❸ 닭고기는 한입 크기로 자른다.
❹ ❶ 한 큰술(12g)을 그릇에 넣고 ❷, ❸, 마른 멸치 가루를 뿌려서 다 함께 뒤섞는다.

화식

❶ 쌀밥을 짓는다.
❷ 호박, 양송이, 양배추를 잘 씻어서 다진다.
❸ 닭고기는 한입 크기로 자르고 ❷, 식물성 기름과 함께 볶는다.
❹ ❶ 한 큰술(12g)을 그릇에 넣고 ❸, 마른 멸치 가루를 뿌린다. 다 함께 뒤섞는다.

레시피 2

닭 간으로 만든 덮밥

비타민A로 감염증에 대처

재료

닭고기 …… 30g
닭 간 …… 10g
당근 …… 10g
브로콜리 …… 5g
양배추 …… 5g
쌀밥 …… 1큰술
식물성 기름 …… 4작은술
마른 멸치 가루 …… 적당량

만드는 방법

화식

❶ 쌀밥을 짓는다.

❷ 당근, 브로콜리, 양배추를 잘 씻어서 다진다.

❸ 닭고기와 닭 간은 한입 크기로 자르고 ❷, 식물성 기름과 함께 볶는다.

❹ ❶ 한 큰술(12g)을 그릇에 넣고 ❸, 마른 멸치 가루를 뿌린다. 다 함께 뒤섞는다.

레시피 3

식감이 풍부한 닭 연골 덮밥

때로는 씹는 맛이 있는 식사도 필요해요!

재료

닭고기 …… 30g

닭 연골 …… 10g

호박 …… 10g

아스파라거스 …… 10g

양배추 …… 5g

쌀밥 …… 1큰술

식물성 기름 …… 4작은술

마른 멸치 가루 …… 적당량

만드는 방법

화식

❶ 쌀밥을 짓는다.

❷ 호박, 아스파라거스, 양배추를 잘 씻어서 다진다.

❸ 닭고기와 닭 연골은 한입 크기로 자르고 ❷, 식물성 기름과 함께 볶는다.

❹ ❶ 한 큰술(12g)을 그릇에 넣고 ❸, 마른 멸치 가루를 뿌린다. 다 함께 뒤섞는다.

레시피 4

쫄깃쫄깃 닭 염통 덮밥

독특한 풍미가 야생성을 깨워줘요

재료

- 닭고기 …… 30g
- 닭 염통 …… 10g
- 무 …… 10g
- 소송채 …… 10g
- 쌀밥 …… 1큰술
- 식물성 기름 …… 4작은술
- 마른 멸치 가루 …… 적당량

만드는 방법

화식

❶ 쌀밥을 짓는다.

❷ 무, 소송채를 잘 씻어서 다진다.

❸ 닭고기와 닭 염통은 한입 크기로 자르고 ❷, 식물성 기름과 함께 볶는다.

❹ ❶ 한 큰술(12g)을 그릇에 넣고 ❸, 마른 멸치 가루를 뿌린다. 다 함께 뒤섞는다.

레시피 5

피로 해소 돼지고기 덮밥

비타민B1 덕에 쉽게 피곤해지지 않는 몸

재료

돼지고기 …… 40g
순무 …… 10g
표고버섯 …… 1장
마늘 …… 1g
쌀밥 …… 1큰술
식물성 기름 …… 4작은술
마른 멸치 가루 …… 적당량

만드는 방법

화식

❶ 쌀밥을 짓는다.
❷ 순무, 표고버섯, 마늘을 잘 씻어서 다진다.
❸ 돼지고기는 한입 크기로 자르고 ❷, 식물성 기름과 함께 볶는다.
❹ ❶ 한 큰술(12g)을 그릇에 넣고 ❸, 마른 멸치 가루를 뿌린다. 다 함께 뒤섞는다.

레시피 6

튼튼해지는 소고기 덮밥

스태미나를 보충해서 면역력을 강화!

재료

소고기 …… 40g

무 …… 10g

브로콜리 …… 5g

양배추 …… 5g

쌀밥 …… 1큰술

식물성 기름 …… 4작은술

마른 멸치 가루 …… 적당량

—

생식과 화식 중에서 고양이 기호에 맞춰 선택한다.

만드는 방법

생식

❶ 쌀밥을 짓는다.

❷ 무, 브로콜리, 양배추를 잘 씻어서 다지고 식물성 기름을 사용해 볶는다.

❸ 소고기는 한입 크기로 자른다.

❹ ❶ 한 큰술(12g)을 그릇에 넣고 ❷, ❸, 마른 멸치 가루를 뿌려서 다 함께 뒤섞는다.

화식

❶ 쌀밥을 짓는다.

❷ 무, 브로콜리, 양배추를 잘 씻어서 다진다.

❸ 소고기는 한입 크기로 자르고 ❷, 식물성 기름과 함께 볶는다.

❹ ❶ 한 큰술(12g)을 그릇에 넣고 ❸, 마른 멸치 가루를 뿌린다. 다 함께 뒤섞는다.

저칼로리 흰살생선 덮밥

저지방 음식으로 다이어트!

재료

흰살생선 …… 40g

당근 …… 5g

오크라 …… 5g

고구마 …… 10g

쌀밥 …… 1큰술

식물성 기름 …… 4작은술

마른 멸치 가루 …… 적당량

—

생식과 화식 중에서 고양이 기호에 맞춰 선택한다.

만드는 방법

생식

❶ 쌀밥을 짓는다.

❷ 당근, 고구마, 오크라를 잘 씻어서 다지고 식물성 기름을 사용해 볶는다.

❸ 흰살생선은 한입 크기로 자른다.

❹ ❶ 한 큰술(12g)을 그릇에 넣고 ❷, ❸, 마른 멸치 가루를 뿌려서 다 함께 뒤섞는다.

화식

❶ 쌀밥을 짓는다.

❷ 당근, 고구마, 오크라를 잘 씻어서 다진다.

❸ 흰살생선은 한입 크기로 자르고 ❷, 식물성 기름과 함께 볶는다.

❹ ❶ 한 큰술(12g)을 그릇에 넣고 ❸, 마른 멸치 가루를 뿌린다. 다 함께 뒤섞는다.

레시피 8

입맛을 돋우는 연어 덮밥

연어의 풍미가 입맛을 살려줘요

재료	만드는 방법
연어 …… 40g 브로콜리 …… 5g 감자 …… 10g 양송이 …… 5g 쌀밥 …… 1큰술 식물성 기름 …… 4작은술 마른 멸치 가루 …… 적당량	화식 ❶ 쌀밥을 짓는다. ❷ 브로콜리, 감자, 양송이를 잘 씻어서 다진다. ❸ 연어는 한입 크기로 자르고 ❷, 식물성 기름과 함께 볶는다. ❹ ❶ 한 큰술(12g)을 그릇에 넣고 ❸, 마른 멸치 가루를 뿌린다. 다 함께 뒤섞는다.

 레시피 9

고양이 취향저격 전갱이 덮밥

맛있어서 완성되기 전에 채갈지도 몰라요!

재료

전갱이 …… 40g
무 …… 10g
양배추 …… 5g
호박 …… 10g
쌀밥 …… 1큰술
식물성 기름 …… 4작은술
마른 멸치 가루 …… 적당량

—
생식과 화식 중에서 고양이 기호에 맞춰 선택한다.

만드는 방법

생식

❶ 쌀밥을 짓는다.
❷ 무, 양배추, 호박을 잘 씻어서 다지고 식물성 기름을 사용해 볶는다.
❸ 전갱이는 한입 크기로 자른다.
❹ ❶ 한 큰술(12g)을 그릇에 넣고 ❷, ❸, 마른 멸치 가루를 뿌려서 다 함께 뒤섞는다.

화식

❶ 쌀밥을 짓는다.
❷ 무, 양배추, 호박을 잘 씻어서 다진다.
❸ 전갱이는 한입 크기로 자르고 ❷, 식물성 기름과 함께 볶는다.
❹ ❶ 한 큰술(12g)을 그릇에 넣고 ❸, 마른 멸치 가루를 뿌린다. 다 함께 뒤섞는다.

레시피 10

뚝딱 만드는 달걀 덮밥

필수 아미노산 섭취는 이걸로 OK!

재료

삶은 달걀 …… 1개
무 …… 10g
브로콜리 …… 5g
당근 …… 10g
쌀밥 …… 1큰술
식물성 기름 …… 4작은술
마른 멸치 가루 …… 적당량

만드는 방법

화식

❶ 쌀밥을 짓는다.
❷ 무, 브로콜리, 당근을 잘 씻어서 다진다.
❸ 삶은 달걀은 한입 크기로 자르고 ❷, 식물성 기름과 함께 볶는다.
❹ ❶ 한 큰술(12g)을 그릇에 넣고 ❸, 마른 멸치 가루를 뿌린다. 다 함께 뒤섞는다.

칼럼

이런 소문을 들었는데 정말인가요?

소문 : 생선을 먹으면 황색지방증에 걸린다?

진실 : 기름기가 오른 생선만 줄곧 먹는 게 아니라면 괜찮습니다!

"고양이가 생선을 먹으면 황색지방증에 걸린다는 말을 들었어요. 고양이에게 생선을 먹여도 괜찮나요?"라는 질문을 자주 듣습니다. 사실 항구나 생선가게 근처에 살거나, 날마다 생선을 대량으로 먹지 않는 한 황색지방증에 쉽게 걸리지는 않습니다.

예방을 위해서는 기름의 산화를 억제하는 비타민E를 충분히 섭취하는 것이 좋습니다. 드문 일이기는 하지만 생선을 너무 좋아해서 몸 상태가 안 좋아졌다면 그때는 섭취량에 주의를 기울여주세요. 정보는 늘 사실인지 확인합시다!

엄청 많이 먹지 않으면
걱정하지 않아도 된대.

우리 집 고양이의 병을 낫게 하는 레시피 15

CASE 1 스트루바이트 요로결석

수제 음식으로 바꾼 후 증상이 나타나지 않는다

겐타 (19세, ♂)

BB (4세, ♂)

조로 (2세, ♂)

새로운 식습관 덕분에 더 이상 결석이 생기지 않는다

겐타는 어릴 때부터 스트루바이트 요로결석 증상이 두 번 정도 나타났습니다. 의사 선생님이 체질 때문이라고 해서 치료식을 먹였습니다. 이것저것 해결 방법을 모색하다 그때까지 먹였던 치료식에서 수제 음식으로 바꿨더니 결석 증상이 사라지고 재발하지 않았습니다.

건식 사료만 밥으로 여겼던 탓에 처음에는 입에도 대지 않아 엄청 고생했어요. 닭고기도 전혀 안 먹고 회 같은 날생선도 소용없었습니다. 마른 멸치는 간식으로 먹어서 익숙했던 터라 마른 멸치를 우려낸 국물을 건식 사료에 뿌리는 것부터 시작했습니다. 그러는 동안 국물에 넣은 닭고기도 음식으로 인식하게 되었고 잘 먹기까지 6개월이 걸렸습니다.

인상적이었던 점은 수제 음식으로 바꾼 후에 눈빛이 완전히 달라졌다는 점입니다. 돌이켜보니 무리하지 않고 가만히 기다려주는 것이 중요한 일이라는 생각이 듭니다.

Dr. 스사키의 한마디

스트루바이트 요로결석은 마그네슘 섭취량 조절이 관건이라고 하지만, 실제로는 과포화 방지와 소변 pH 조절이 중요합니다. 수분을 충분히 함유한 동물성 재료 중심의 식사로 바꾸고 적절한 양의 운동을 해주면 보통은 치료할 수 있어요.

닭고기 현미 덮밥

재료

현미
전체량의 50퍼센트

닭고기
전체량의 40퍼센트

나머지 재료
채소 분말이나 채소 조림, 깨, 낫토, 고양이용 유산균, 스사키 동물병원 영양보충제, 아마씨 분말, 식용 동백유(엑스트라버진 올리브유로 대체 가능), 된장(간장으로 대체 가능) 약간, 미네랄워터 적당량

만드는 방법

- 기름을 넣고 끓인 미네랄워터에 닭고기를 넣고 삶는다. 그런 다음 나머지 재료를 다 섞는다.

식사 횟수

식사 횟수 … 1일 2회
한 끼 … 70~100g

Point

결석 치료에서 가장 중요한 과제는 고기로 수분 섭취하기!

우리 집만의 노하우

● 재료 배합 비율

채소 : 닭고기(생선) : 현미 : 아마씨 분말 = 1 : 4 : 4.5 : 0.5

● 기타

유산균 1숟가락, 스사키 동물병원 영양보충제 1/2~2숟가락(건강할 때는 1/2숟가락, 상태가 안 좋을 때는 1~2숟가락)

● 수분 섭취 방법

육수를 활용하거나 간장, 된장, 소금 등을 아주 조금 넣으면 국물까지 싹 비울 정도로 음식을 대하는 태도가 달라진다. 엄선된 품질의 재료를 사용할 것.

● 재료 형태

19세 고양이는 다진 것을 좋아하며 어린 고양이는 가리지 않고 다 잘 먹는다.

CASE 2 스트루바이트 요로결석, 방광염

평생 낫지 않을 것이라고 진단받았지만 3주 만에 개선!

소라 (5세, ♂)

치료식에 의존하지 말고 수제 음식을 먹여보자

2009년 9월 무렵 소라한테서 스트루바이트 결석이 잔뜩 나오고 혈뇨가 나타났습니다. 방광염이라는 진단을 받았습니다.

동물병원에서는 "이건 '체질'이라 평생 낫지 않으니 반드시 '치료식'을 먹이세요."라고 했습니다. 그러나 예전에 겪은 이런저런 경험을 바탕으로, 약이나 치료식을 먹이기보다 수제 음식으로 바꾸기로 결심했습니다.

소라는 처음부터 수제 음식에 거부감이 없었습니다. 수제 음식을 먹이고 며칠이 지나자 소변도 잘 나오게 되었습니다. 발병한 지 약 3주 후, 동물병원에서 다시 소변 검사를 했습니다. 스트루바이트 결석이 완전히 사라지고 깨끗해졌다며 의사 선생님께서 신기해하셨습니다.

다묘 가정인 우리 집의 다른 고양이들은 수제 음식을 처음에는 잘 먹지 않다가 한 마리 한 마리씩 먹기 시작했습니다. 어느 고양이에게나 '이 밥도 나쁘지 않다'고 느끼는 순간이 온다는 것이 매우 중요한 포인트인 듯합니다. 어떤 시점을 경계로 차례대로 먹기 시작하는 모습을 보며 포기하지 않는 것의 중요성을 깨달았습니다.

Dr. 스사키의 한마디

고양이는 생후 6개월까지 무엇을 먹느냐로 그 후의 식생활이 고정되는 경향이 있어요. 몸에 좋고 나쁘다를 따지기보다 '이건 음식인가?'라며 저절로 경계심을 보이므로 반려인의 기다리는 자세가 매우 중요합니다.

압력 냄비로 푹 끓인 토마토 수프

재료

닭가슴살+전갱이
전체량의 70퍼센트

새송이버섯, 당근, 호박, 다시마
전체량의 30퍼센트

무염 토마토 통조림
적당량(푹 끓이기 위해 필요한 수분량을 감안한다.)

만드는 방법

❶ 고기와 생선은 자르지 않고, 나머지 식재료는 큼직하게(3~4센티미터 정도) 자른 상태로 압력 냄비에 넣는다.

❷ ❶에 무염 토마토 통조림을 더하고, 압력 냄비를 불에 올린다. 압력 냄비에서 건져낸 후에는 고기와 생선을 뺀 모든 내용물은 푸드 프로세서에 넣어 잘게 다지고 고기와 생선은 긴 젓가락 등을 사용해 1~2센티미터 정도로 잘게 찢는다.

식사 횟수

식사 횟수 … 1일 1~2회
한 끼 … 70~100g

Point

고기, 생선, 채소를 압력 냄비로 푹 끓이는 것이 포인트!

우리 집만의 노하우

● 재료 배합 비율

(생선+닭가슴살) : (채소+해조류+버섯류) = 7 : 3

● 기타

마지막에 고양이 통조림이나 마른 멸치 등을 토핑한다.

● 수분 섭취 방법

가다랑어, 다시마, 말린 표고버섯, 버섯류, 당근 등을 고기, 생선과 함께 푹 끓여서 맛있는 육수를 낸다.

● 재료 형태

푸드 프로세서를 활용해 재료를 잘게 다진다.

CASE 3 스투르바이트 결석, 알레르기

여드름과 털 상태까지 좋아진다

지크(6살, ♂)

수제 음식으로 턱 여드름부터 털 상태와 알레르기까지 개선

치석이 잘 안 생긴다는 소문을 믿고 고양이에게 계속 건식 사료만 먹였는데, 결과적으로는 중증 치주염을 진단받았습니다. 이때부터 고양이의 음식을 고민하기 시작했습니다.

어느 날 지크가 화장실에 들락날락하는 것을 발견하고 병원에 데려갔더니 방광염과 스트루바이트 결석도 생겼다고 했습니다. 같은 시기, 다른 반려묘(1세)에게 예방 주사를 맞히러 병원에 데려갔을 때 의사 선생님이 입 주위의 붉은 반점을 보고 음식 알레르기가 의심되니 치료식을 먹여보라고 추천해주었습니다.

고양이들이 여기저기 아프기 시작하고, 이미 수제 음식을 고양이에게 먹이고 있던 친구가 권하기도 해서 저도 음식에 도전해보기로 했습니다. 반려묘(1세)는 수제 음식으로 바꾸고 나서부터 입 주위의 붉은 반점이 사라지고 알레르기 증상이 나타나지 않았습니다. 지크는 항생물질 주사를 두 번 맞은 후부터 치료식을 먹었습니다. 그 후에 서서히 수제 음식으로 바꿔나갔고, 1개월 정도 지나자 털이 깨끗해지고 턱의 여드름이 사라졌으며 귀도 깨끗해졌습니다.

치아 일부를 발치하긴 했지만, 중증이었던 치주염은 이제 상태가 호전되어 입 냄새도 나지 않습니다.

Dr. 스사키의 한마디

병원에서 직접 진료해본 바에 따르면 결석증이 반복될 경우 요로에 염증이 있는 경우가 대부분입니다. 아무런 이유도 없이 재발하는 일은 없으니 염증의 원인이 어디에서 시작되었는지 동물병원을 방문해서 알아보세요.

다진 생닭 페이스트

재료

닭가슴살
60g

삶은 호박 페이스트
10g

내장(간, 심장, 모래집)
30g

완두순
10g

낫토
10g

깨
1/2작은술

물
적당량

만드는 방법

❶ 모든 재료를 잘게 썬다.
❷ ❶에 물을 조금씩 더해가며 으깨서 죽 상태로 만든다.

식사 횟수

식사 횟수 … 1일 2회
한 끼 … 약 60g

Point

브로콜리나 당근 등을 삶아서 페이스트 상태로 만들어 같이 섞는 방법도 추천! 완성된 음식 위에 건식 사료를 조금 토핑해도 좋아요.

우리 집만의 노하우

● 재료 조합

[채소] 브로콜리, 당근, 생완두순 등 …… 20~30g
[단백질] 닭고기 … 60g
내장(간, 심장, 모래집) …… 30g
[곡물] 가끔씩 죽 형태로 10g 정도 추가
[기타] 달걀 껍데기, 깨, 아몬드 등 …… 약간

● 수분 섭취 방법

수제 음식에 물을 섞어서 살짝 부드러운 페이스트 상태로 만든다.

● 재료 형태

전부 페이스트로 만들지 않는다. 물어 끊을 수 있는 크기의 고기를 약간 남긴다.

CASE 4 옥살산칼슘 요로결석

고양이 통조림식 수제 음식으로 해결!

열여덟 살에 수제 음식에 도전해 성공한 비결

우리 집에는 치와와 30마리도 함께 살고 있습니다. 그중 한 마리가 스트루바이트 결석이 생겼을 때, 치료식은 아예 먹으려 하지 않아서 수제 음식으로 식단을 완전히 바꾸었더니 병세가 호전되었습니다. 고타로에게도 효과를 기대해볼 수 있을 것 같아 수제 음식을 믿고 도전했습니다. 고타로는 18년 동안 건식 사료만 먹어왔기 때문에 처음에는 입에도 대려 하지 않았습니다. 저는 '배가 고프면 알아서 먹겠지!' 하며 강건하게 반응했습니다. 다른 식사는 준비하지 않았고 날마다 고타로와 눈싸움을 했습니다. 고양이용 통조림을 좋아했기 때문에 통조림과 비슷하게 만들어주었더니 그때부터는 먹기 시작했습니다.

채소, 생선, 육류, 해조류, 쌀밥, 가다랑어포, 마른 멸치를 부드럽게 볶아서 한천으로 굳히기 전 국물과 함께 믹서로 걸쭉하게 갈아 수분을 확실히 섭취할 수 있게 했습니다. 이 조리법을 기본 베이스로 다양하게 응용할 수 있습니다. 치료식을 끊고 완전히 수제 음식으로 바꾼 지 1년 6개월이 지났고, 지금까지 재발 없이 아주 건강하게 지내고 있습니다.

날마다 개 30마리의 밥을 직접 만들면서 고양이의 밥까지 만든다니 대단하다고 칭찬하는 분도 있지만, 개를 위한 밥과 똑같은 재료 구성에 육류와 생선의 양을 늘린 고양이용 채소죽을 만드는 방식으로 한결 수고를 덜 수 있습니다.

Dr. 스사키의 한마디

18년 동안 건식 사료에 길들여진 고양이의 입맛을 수제 음식으로 돌릴 수 있었던 이유는 고양이 집사가 그만큼 노력했기 때문입니다. 일반적으로는 수술하는 방법밖에 없다고 하는 옥살산칼슘 요로결석을 극복해내다니 다른 고양이 집사들의 희망이네요!

직접 만드는 고양이 통조림

재료

당근, 양배추, 호박, 소송채
전체량의 30퍼센트

닭 간
전체량의 20퍼센트

무염 고등어 통조림
전체량의 40퍼센트

톳을 넣어 지은 쌀밥
전체량의 10퍼센트

기타 재료
한천

만드는 방법

❶ 모든 건더기를 부드럽게 끓여서 식힌 뒤 국물과 함께 믹서에 넣고 간다.
❷ 한천을 첨가하여 다시 한 번 끓인 후 밀폐용기에 넣고 식혀서 굳히면 완성.
※ 3일 치 정도를 만들어 냉장 보관했습니다.

식사 횟수

식사 횟수 … 1일 1~2회
한 끼 … 70~100g

Point

식사 때문에 생기는 스트레스를 최소한으로 줄이는 고양이 통조림식 조리법에 아이디어상을!

우리 집만의 노하우

● 재료 배합 비율

다진 채소 : 육류 : 생선 : 곡물 = 3 : 2 : 4 : 1

● 기타

맛 내기용으로 소금, 된장 등을 조금 첨가한다.

● 수분 섭취 방법

새끼 고양이 시절부터 익숙한 사료가 생선 계통이었기 때문에 가다랑어포나 마른 멸치 등의 육수를 활용했다. 통조림과 비슷하게 만들기 위해 한천으로 굳혔더니 국물까지 남기지 않고 다 먹어주었다.

● 재료 형태

처음에는 한천으로 굳혀서 줬지만 지금은 어떤 형태든지 다 잘 먹는다.

CASE 5 요로결석

수분이 풍부한 수프로 건강을 되찾다

요로결석을 극복한 힘은 강한 마음과 치킨 수프

예전에 키우던 고양이가 만성 신부전을 앓을 때, 도움이 될 방법을 찾다가 수제 음식을 접하고 직접 만들어 먹였습니다. 다음에 인연이 닿은 고양이들에게는 처음부터 수제 음식을 먹였습니다.

새끼 고양이 때는 아침, 저녁, 밤마다 주고 6개월이 지나고부터는 밤에 먹는 식사는 가벼운 야식으로 바꿨습니다. 먹지 않아 음식을 치우면 그제야 밥을 달라고 했습니다. 고양이들과 하는 기싸움에 지쳐서 결국 수제 음식과 건식 사료를 반반씩 줬습니다.

그러던 중 요로결석 진단을 받았습니다. '수제 음식도 먹였는데 이유가 뭐지?' 하고 충격을 받았습니다. 건식 사료를 같이 먹이기 때문에 수분량이 부족할 수 있을 것 같아 평소에 주는 밥에다 수제 닭고기 육수를 추가했습니다. 100밀리리터 정도 듬뿍 뿌려 치킨 수프처럼 만들었습니다. 6개월 후에는 소변량도 많아지고 진단받은 것과는 달리 결석도 더 늘어나지 않았습니다. 지금도 건강하게 잘 지냅니다.

Dr. 스사키의 한마디

음식을 계속 방치하지 않는 것이 밥을 먹이는 비결이라고 합니다. 밥이 남았어도 일정 시간이 지나면 바로 치우고, 다음 식사 시간까지 아무것도 먹이지 않았다고 해요. 애정이 담긴 엄격함의 힘이네요.

애정이 듬뿍! 치킨 수프

재료

닭가슴살
30g

양배추+당근+무청
잘게 다져서 1큰술

습식 사료
적당량

건식 사료
적당량

만드는 방법

❶ 물을 넉넉히 넣고 닭고기를 끓인다.(국물을 넉넉하게 해서 사용한다.)
❷ 채소는 잘게 다져서 데친 뒤 ❶과 섞는다.
❸ 습식 사료와 ❷를 1 : 3의 비율로 섞고 건식 사료를 토핑한다.

식사 횟수

식사 횟수 … 1일 2~3회
한 끼 … 70~100g

Point

건식 사료를 위에 뿌려서 맛 내기에 활용하면 좋아요.

우리 집만의 노하우

● 재료 배합 비율

닭가슴살 또는 생선 : 채소와 곡물 = 6 : 4 또는 7 : 3
※ 채소 종류가 최대한 다양할 수 있도록 신경 쓴다.

● 수분 섭취 방법

가다랑어포를 위에 뿌려서 국물의 풍미를 좋게 하거나, 비지나 감자 간 것을 넣어서 걸쭉하게 만든다.

● 재료 형태

대충 다지는 것이 기본. 호박은 2센티미터 정도 크기로 깍둑 썬 것, 당근은 간 것을 선호했다.

CASE 6 스트루바이트 결석

간단한 수제 음식으로 재발을 예방한다

유메카제(8세, ♀)

직장인도 반려묘에게 꾸준히 수제 음식을 해줄 수 있다

고양이와 함께 지낸 지 얼마 되지 않아 증상이 나타났습니다. 놀라 서둘러 병원에 가 주사를 맞았습니다. 방광염이 있던 고양이는 그 후로 증상이 나타나지 않았지만, 스트루바이트 결석이 있던 다른 고양이는 혈뇨가 나왔습니다. 서점에서 참고가 될 만한 책을 이것저것 찾아보다가 스사키 선생님의 책을 발견했습니다. 책을 보며, 일을 하고 남는 시간에 할 수 있는 일부터 실천했습니다.

원래 길고양이였기 때문인지 처음에는 만들어준 음식을 잘 먹었습니다. 채소는 별로 좋아하지 않았고 생선을 좋아했습니다. 생선은 재료를 구하기가 어려워서 가끔씩 주고 90퍼센트 이상을 고기로 주었고, 고양이들이 밥을 먹지 않는 시기도 있었습니다. 된장 맛을 좋아하길래 된장 맛 육수와 가다랑어 육수를 수분 섭취를 위해 사용했습니다. 토핑으로 변화를 주면 싫증 내지 않고 잘 먹습니다.

치료식 대신 수제 음식만 먹이기로 했을 때 많이 불안했지만, 5년 6개월이 지난 지금까지도 재발 없이 건강히 잘 지내고 있습니다.

Dr. 스사키의 한마디

직장에 다니는 고양이 집사들에게 수제 음식이라고 하면 어려워 보이지만 자신의 식사를 준비하는 시간에 틈틈이 만드는 것으로 충분합니다. 또 채소를 좋아하지 않는 고양이는 꽤 많지만 어린아이와 마찬가지로 페이스트 상태로 만들어 고기나 생선과 섞어주면 잘 먹어요!

채소 페이스트를 곁들인 구운 닭 무침

재료

저민 닭가슴살
80~90퍼센트(약 100g)

간+모래집
10~20퍼센트

삶은 채소 페이스트
(당근+브로콜리+톳)
2큰술

백미
약간

물, 된장, 가다랑어포, 홍화씨유
적당량

만드는 방법

❶ 저민 닭가슴살 : 간+모래집을 8 : 2의 비율로 섞는다.
❷ ❶을 포일로 감싼 뒤 프라이팬에서 찐다.
❸ 삶은 채소류는 페이스트 상태로 만들어 2큰술을 따로 남겨 둔다.
❹ 내열용기에 물, 된장 소량을 넣고 전자레인지로 데운다.
❺ 그릇에 ❷, ❸, ❹, 백미 소량, 홍화씨유 한 방울을 넣고 한데 섞은 뒤 가다랑어포를 뿌린다.

식사 횟수

식사 횟수 … 1일 1회
한 끼 … 70~100g

우리 집만의 노하우

● **재료 조합**

[삶은 채소 페이스트] …… 2큰술
[육류] …… 저민 닭가슴살(80~90퍼센트) : 다진 간+다진 모래집(10~20퍼센트)
[곡물] …… 가끔 백미를 섞는다.
[기타] …… 홍화씨유 1작은술, 육수, 건강보조식품
※ 생선은 구운 뒤 살을 발라준다. 정어리나 전갱이를 줄 때가 많다.

● **수분 섭취 방법**

된장이나 가다랑어 육수로 풍미를 높인다.

● **재료 형태**

기본적으로 채소는 갈아서 준비한다.

CASE 7 방광염, 요독증

반복되는 입원과 퇴원의 악순환을 끊다

푸우 (5세, ♂)

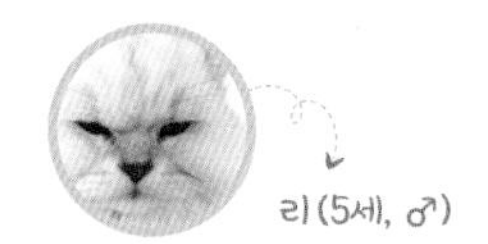
리 (5세, ♂)

반려인이 지치지 않는 조리법을 찾는 것이 중요하다

푸우는 방광염 발병 → 혈뇨 배출 → 입원 → 퇴원 → 방광염 재발 → 악화 → 요독증의 과정을, 리는 방광염 유사 증상 → 투약 → 낫지 않음 → 입원 → 퇴원의 과정을 반복해서 겪었습니다. 입원했을 때는 점적 주사와 카테터로 소변을 배출했고, 퇴원 후에는 식사를 치료식으로 바꾸고 투약했습니다. 증상은 잠시 나아졌다가 다시 나타났습니다. 식욕도 줄어들어서 몸무게가 고무줄처럼 늘었다 줄었다 했습니다.

치료식으로는 효과가 없어 수제 음식을 먹였습니다. 잘 먹어서 걱정했던 만큼 크게 고생하지 않았지만 음식에 대한 반응이 좋지 않을 때도 있어서 맛을 내는 법을 연구했습니다. 채소를 잘 먹지 않는 고양이도 있어서 고양이 통조림에 수제 음식을 섞는 방법을 선택했습니다.

고양이들도 수프를 든든히 먹으면 몸 상태가 좋아지는 걸 느끼는지 반드시 국이나 수프를 먼저, 많이 먹습니다. 고기를 넣은 밥은 배가 든든한지 아침밥을 달라고 조르는 일이 별로 없습니다. 지금은 두 고양이 모두 아주 건강합니다.

Dr. 스사키의 한마디

생고기를 연속해서 주다, 어느 날 갑자기 먹지 않는다면 구운 고기와 생고기를 번갈아가며 준다고 합니다. 콩소메나 가리비 수프를 주면 맛이 아주 연해도 잘 먹는다네요. 참기름이나 올리브유도 문제없어 보입니다.

닭고기와 채소가 들어 있는 걸쭉한 무침

재료

닭가슴살
30~40g

양배추+버섯+호박
약 20g

참기름
5g

[먹지 않을 경우]
건식 사료 5알, 가다랑어포

만드는 방법

❶ 닭고기를 삶은 뒤 손으로 잘게 찢어서, 큼직하게 다진 채소와 함께 섞는다.
❷ 고기를 삶은 국물에 물에 녹는 녹말을 넣어 걸쭉하게 만들고 ❶과 합친 뒤 참기름을 뿌린다.
❸ 먹지 않을 경우에는 건식 사료 5알 정도를 토핑한다. 그래도 안 먹는다면 가다랑어포를 토핑하거나 손으로 먹이는 등, 방법을 찾는다.

식사 횟수

식사 횟수 … 1일 1~2회
한 끼 … 70~100g
※ 이 레시피는 저녁용이다.

우리 집만의 노하우

● 재료 조합

[채소] …… 양배추+버섯류+뿌리채소류 등 1회 약 20g
[육류] …… 닭고기, 말고기, 캥거루고기 등 약 30~40g. 번갈아가며 준다.
[생선] …… 참치, 연어 등을 구워서 살을 발라낸 것 약 30~40g
[곡물] …… 거의 주지 않는다. 줄 경우에는 한 마리당 약 20g
[토핑] …… 참기름, 육수 분말, 가다랑어포
[기타] …… 비지를 볶아서 1작은술 정도 섞기도 한다.

● 수분 섭취 방법

고기를 삶은 국물, 콩소메, 가리비 수프 등. 맛이 담백해도 잘 먹는다.

● 재료 형태

대충 다져서 조금 씹는 맛이 있는 형태를 좋아한다.

CASE 8 만성 신부전

수제 음식으로 2년 만에 완치!

똑같은 음식에 질리면 온갖 방법을 동원한다

두 살 때 만성 신부전이라고 진단받고 영양 성분을 계산한 수제 음식으로 바꿨습니다. 단백질 33퍼센트 전후로 하고, 인을 억제하고 오메가3 비율을 높였지요. 그 다음에 BARF 다이어트로 동물성 단백질 식재료 90퍼센트의 수제 음식으로 변경해 네 살 때 겨우 수치가 안정되고 일곱 살부터는 스사키 동물병원에서 진료를 받았습니다.

똑같은 식품을 계속 주면 질리는지 잘 먹지 않아서 최대한 날마다 다른 재료나 다른 조리법(닭고기는 안심 다음에 넓적다리나 모래집을, 살짝 데치거나 날것으로 주거나 구워서 줌)으로 바꾸거나, 곁들이는 채소를 바꿨습니다. 가능한 한 안전한 음식 재료를 사용했습니다.

큼직한 것을 좋아해서 닭 날개나 닭봉은 통째로 먹거나 두세 번 자른 정도의 크기를 덥석 물어뜯어 먹는 것을 좋아합니다. 똑같은 것을 계속 주면 먹지 않으려 하지만, 향이 강한 낫토나 기호성이 강한 재료를 섞어서 주면 속아서 잘 먹습니다. 육류는 닭이나 메추라기 등의 조류는 계속 줘도 싫증 내지 않고 먹습니다. 또한 제철 음식(예를 들면 여름에는 메기나 장어구이)을 좋아합니다.

현재, 만성 신부전이라고 진단받았던 증상들은 가라앉고 건강을 되찾았습니다.

Dr. 스사키의 한마디

똑같은 것을 계속 먹으면 중독될 가능성이 높아지므로 '싫증 내는' 성질이 있는 개체가 선택적으로 살아남았다는 설이 있습니다. 고양이는 야생에서 살아남을 수 있는 지혜를 갖춘 능력자라고 생각합시다!

낫토를 올린 닭 안심과 간

재료

닭 안심, 간

호박, 브로콜리, 양배추

기타 재료

낫토, 물

만드는 방법

❶ 작은 냄비에 물, 닭 안심, 간을 넣고 살짝 데친다. 고기는 적당한 크기로 잘게 찢는다.
❷ 부드럽게 익힌 호박과 브로콜리는 숟가락으로 가볍게 으깨고 양배추는 잘게 다진다. ❶의 고기를 데친 국물에 다시 넣는다.
❸ 그릇에 ❶, ❷를 담고 낫토를 토핑한다. 필요한 경우에는 건강보조식품을 섞는다.

식사 횟수

식사 횟수 … 1일 1회 150g 전후, 저녁에는 수프만 준다.

● 재료 조합

[채소] …… 담색 채소, 녹황색 채소, 새싹 채소 중에서 2~3종류를 넣는다.

[육류] …… 닭가슴살 약 80~90g, 닭 간+염통 25~30g 등 똑같은 동물의 살코기, 내장을 함께 사용한다.

[생선] …… 등푸른생선은 굽고 흰살생선은 날로 준다.

[곡류] …… 거의 주지 않는다.

[기타] …… 산양유나 요구르트 등 15~30g

● 수분 섭취 방법

사람이 먹는 국물(없으면 뜨거운 물)을 한 끼에 20~30cc씩 더한다. 수분이 부족하게 느껴질 때는 연한 산양유나 요거트, 케퍼 요거트에 닭 안심을 조금 토핑해서 준다.

● 재료 형태

닭 날개나 닭봉은 통째로 먹거나 두세 번 자른 정도의 크기를 덥석 물어뜯어 먹는 것을 좋아한다.

CASE 9 신장병

나이 든 고양이도 맛있게 먹는 수제 음식!

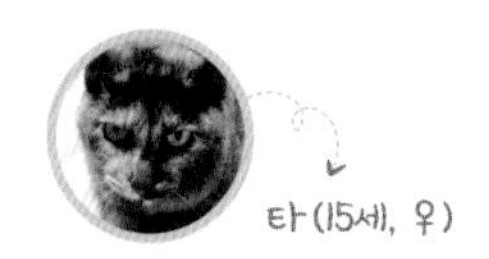

좋아하는 재료로 관심을 끌면서 조금씩 친해지게 한다

열다섯 살 때, 갑자기 살이 빠지고 입맛이 없어지며 털도 푸석푸석해져서 동물병원에 데려갔습니다. 하도 날뛰어 대서 아무것도 못 하고, 살짝 지린 소변을 가지고 검사를 했습니다. 진단 결과는 신장병이었습니다. 스트레스를 받지 않아야 한다 해서 활성탄 보조제를 사료에다 뿌려서 주었습니다. 그러던 중 고양이 수제 음식에 관한 책을 접하고 고양이도 사람과 똑같다는 것을 깨닫고 수제 음식에 도전했습니다.

갑자기 수제 음식을 주기 시작하자 처음 이틀은 아예 먹지 않고 무시했습니다. 그 후 토종닭 안심을 쪄서 손으로 찢어줬더니 '더 줘!' 하면서 요구했습니다. 닭 간 꼬치구이도 작게 만들어서 잘 먹었습니다. 하지만 채소를 잘게 다져서 뿌려줬더니 또 못 본 척 하며 먹지 않았습니다. 이것저것 시험해본 결과, 관심끌이용으로 껍질이 붙은 연어 구이나 사료를 준비하고, 여러 가지를 함께 더해 그릇에 수북하게 담은 뒤 수분을 추가해 섬 모양으로 만든 것을 좋아했습니다. 재료의 크기는 7~8밀리리터 정도로 잘게 다진 것이 가장 적합했습니다.

수제 음식으로 바꿨더니 몸무게가 늘고 입 냄새도 줄었습니다. 하도 날뛰어서 병원에는 가지 못했지만 활성탄 보조제를 뿌리는 것만으로 열일곱 살까지 건강하게 살았습니다.

Dr. 스사키의 한마디

밥 위에 토핑을 얹어주면서 염분을 걱정하는 반려인이 있는데, 식사 전체의 염분 농도는 1퍼센트 정도까지 전혀 문제가 없습니다.(사실은 더 높아도 괜찮아요.) 그래도 걱정된다면 식이요법에 정통한 수의사에게 확인받아보기 바랍니다.

껍질까지 구운 연어를 곁들인 닭고기 덮밥

재료

육류

닭 안심

생선

껍질이 붙어 있는 연어

채소

양배추

곡물

갓 지은 쌀밥

만드는 방법

❶ 프라이팬에 물, 닭 안심을 넣고 찐다. 닭 안심을 꺼내 손으로 잘게 찢는다.
❷ ❶의 삶은 국물에 잘게 다진 양배추를 넣어 삶아 건진다.
❸ 그릇에 ❶, ❷, 갓 지은 쌀밥을 넣어 섞고 껍질이 붙어 있는 연어 구이를 작게 잘라 토핑한다.
❹ 건더기가 반쯤 덮일 정도로 ❷의 삶은 국물을 끼얹는다.

식사 횟수

식사 횟수 … 1일 2회
한 끼 … 90g

Point

연어 구이 냄새가 좋아 수분감 있는 밥도 깨끗이 먹어 치워요!

우리 집만의 노하우

● 재료 배합 비율

채소 : 닭 안심 = 2 : 8

● 기타

너무 퍽퍽해도 안 되고 국물이 너무 많아도 안 된다. 수분이 넉넉하게 끔 육류와 생선을 조리한다. 껍질이 붙어 있는 연어 구이를 토핑한다.

● 수분 섭취 방법

닭 안심을 삶은 국물을 건더기가 반쯤 잠길 정도로 더 준다.

● 재료 형태

7~8밀리미터 정도 크기로 깍둑썰기한다.

CASE 10 심장병

초보도 쉽게 할 수 있는 수제 음식

비부(11세, ♀)

고양이 영양학 초보, 수제 음식에 도전

비부가 한밤중에 콜록콜록 기침을 하고, 대소변을 잘 누지 못하고, 과호흡 증상도 보여 동물병원에 갔습니다. 심장병 진단을 받고 수제 음식으로 식단을 바꿨습니다.

처음에는 수제 음식에 전혀 흥미를 보이지 않았습니다. 초반에는 생선 토막과 채소를 최대한 작게 자른 뒤 물에 넣고 끓인 뒤, 건강보조식품과 치료식을 더했습니다. 상태를 살피며 시중에서 판매하는 고양이 사료를 주는 횟수를 줄여갔습니다. 과도기를 거친 다음에는 거의 수제 음식만을 먹였습니다. 음식은 한꺼번에 많이 만들고 냉동 보관했습니다. 그러는 사이 비부도 포기했는지 수제 음식을 먹기 시작했습니다. 쌀밥이 들어가는 양만 다를 뿐 똑같은 음식을 반려견에게도 먹입니다. 페이스트 상태를 아주 좋아해서 핸드 믹서를 사용해 잘 갈아준 뒤 산 모양을 만들어주면 달려들어서 먹습니다.

정신을 차려보니 심장병 증세는 없어졌습니다. 지금까지도 건강합니다.

Dr. 스사키의 한마디

고양이 집사가 수제 음식 적응기에 사료에 토핑을 올리지 않고, 수제 음식과 번갈아 주기를 반복하는 것이 좋습니다. 조금씩 사료를 줄인 것이 아주 좋은 본보기가 되는군요.

 참치회를 올린 해물 죽

재료

생선
참치, 가리비 관자

채소, 해조류
표고버섯, 톳, 제철 잎채소, 감자류, 뿌리채소류

곡물
갓 지은 쌀밥

국물
스사키 동물병원 영양 수프 가루, 다시마

만드는 방법

❶ 채소, 해조류를 적당한 크기로 자르고 영양 수프 가루, 다시마, 가리비 관자와 함께 냄비에 넣고 물을 부어서 푹 끓인다.
❷ ❶ 이 식으면 가리비를 뺀 모든 재료를 핸드 믹서를 써서 페이스트 상태로 만든다.
❸ 가리비는 손으로 잘게 찢고 ❷, 갓 지은 쌀밥과 섞는다.
❹ 그릇에 ❸ 을 담고 적당한 크기로 자른 참치를 토핑하면 완성.
※ 가끔 생고기를 토핑한다.

식사 횟수

식사 횟수 … 1일 1~2회
한 끼 … 70~100g

우리 집만의 노하우

● 재료 배합 비율

채소 : 생선(육류) = 1 : 1

● 자주 쓰는 재료

[채소] …… 뿌리채소, 잎채소, 감자류, 버섯류, 해조류(파 종류 제외)
[생선] …… 참치, 가리비 관자, 가다랑어 등
[육류] …… 닭고기, 닭 안심, 연골, 가슴살, 다리살 등 생으로 토핑, 돼지고기
[곡류] …… 쌀밥, 보리밥, 잡곡밥 등 1/2작은술 정도
[기타] …… 가다랑어포, 보리쌀을 섞은 낫토 1/4작은술, 무말랭이 등

● 수분 섭취 방법

스사키 동물병원 영양 수프 가루로 맛을 낸다.

● 재료 형태

페이스트 상태로 준다.

CASE 11 만성 심장비대

수제 음식으로 약이 필요 없어지다

항상 최선을 다하지는 못해도, 정성이 담긴 음식으로 약과 작별하다

지비타로는 돌봐오던 길고양이의 아들입니다. 사람을 잘 따라서 함께 하고 있습니다. 한 살도 되기 전 유전성 심장비대가 발견되었습니다. 약을 먹이고 입원도 여러 번 했습니다. 담당 수의사가 완전히 실내에서만 키우라고 강력히 권고해서 약 6개월 정도 노력해보았지만 결국 실패했습니다.

네 살 때 신장병 초기 상태라는 진단을 받고 스사키 동물병원을 찾아갔습니다. 효과가 있을지 반신반의했지만, 조금이라도 몸 상태가 나아지기를 희망하며 수제 음식을 시작했습니다. 저는 시중에서 판매하는 사료를 함께 활용하고 있습니다. 이틀 치를 기준으로 미리 만들어놓는데 하루 만에 다 떨어지면 다음날은 사료만 먹게 되는 경우도 있습니다. 부끄러운 이야기지만 저는 요리를 잘 못하고 귀찮음도 심해서 수제 음식 종류도 한 가지만 만듭니다. 채소는 집에 있는 것을 쓰고 분량도 대충 맞추지만, 그래도 수제 음식 덕분에 날마다 먹던 약도 끊고 건강하게 지내고 있습니다. 지비타로의 어미나 할머니 고양이가 수제 음식을 더 많이 먹고 있는지도 모르겠네요. 이 둘은 사람의 손을 안 타기 때문에 수제 음식으로 건강을 유지할 수 있는 것이 정말 고맙습니다.

Dr. 스사키의 한마디

지비타로는 음식을 '최대한 산 모양으로 높이 쌓고 주위를 육수가 에워싸는 섬 모양으로 만들어주면 잘 먹는다'고 합니다. '길고양이는 수제 음식도 잘 먹는다'는 것은 자연의 지혜가 아닐까요?

닭가슴살 해독 수프

재료

아스파라거스, 브로콜리
전체량의 10퍼센트

표고버섯, 땅찌만가닥버섯
전체량의 10퍼센트

닭가슴살
전체량의 50퍼센트

전갱이
전체량의 30퍼센트

기타 재료
스사키 동물병원 수프 가루, 식초

만드는 방법

❶ 닭고기, 채소, 버섯, 영양 수프 가루, 식초를 넣고 건더기를 끓인다.
❷ ❶에서 닭고기를 뺀 나머지 재료를 푸드 프로세서로 간다.
❸ 구운 전갱이, 닭고기를 손으로 잘게 찢는다.
❹ ❷를 그릇에 담고 전갱이와 닭고기를 토핑한다.

식사 횟수

식사 횟수 … 1일 1~2회
한 끼 … 80g

● 재료 배합 비율

채소 : 버섯 : 닭고기 : 생선 = 1 : 1 : 5 : 3

● 자주 쓰는 재료

[채소] …… 토마토, 브로콜리, 아스파라거스 등 집에 있는 채소 1~2종류
[버섯류] …… 잎새버섯, 팽이버섯 등 2종류 이상
[육류] …… 닭가슴살
[생선] …… 멸치, 작은 전갱이 등
[곡물] …… 싫어해서 넣지 않는다.
[기타] …… 식초, 스사키 동물병원 영양 수프 가루, 건강보조식품, 임계수 등

● 수분 섭취 방법

삶는 요리라서 수분 함유량이 높다. 건더기를 그릇 가운데 산처럼 높이 쌓은 다음 국물을 주위에 둘러줘야 국물까지 잘 먹는다.

● 재료 형태

먹기 질려 하면 이유를 고민해서 형태를 바꿔본다.

CASE 12 면역력 저하

고양이 감기도 걱정 없다!

조금씩 비율을 늘려가며 수제 음식에 친해지자

인터넷을 통해 고양이에게 육류, 생선, 채소를 섞어서 만든 밥을 주는 사람들이 있다는 사실을 알게 되었습니다. 그 모습이 재미있어 보여 수제 음식을 시도하게 되었습니다. 그 후 스사키 선생님의 책을 읽어보거나 선생님이 주최하는 펫 아카데미 식생활교육 입문 강좌를 들었습니다. 영양 균형 신화에 휘둘려 겁부터 먹는 대신, 집에 있는 단순한 재료들로 만드는 밥도 좋겠다 싶었습니다. 수제 음식을 조금씩 만들어보았습니다.

현재는 수제 음식만 먹이고 있습니다. 종합식이라고 하는 고양이 통조림은 주지 않은 지 오래되었습니다. 수제 음식 적응은 여유롭게 진행했습니다. 고양이 통조림에서 수제 음식으로 완전히 전환하기까지 6개월 이상 걸렸습니다.

새로운 음식은 소량만 주어야 먹는다는 것을 알아서 적은 양을 주는 것부터 느긋하게 시작했습니다. 채소는 자르기보다 으깨 고양이 통조림과 잘 섞어서 주었습니다. 분말 형태 건식 사료는 많은 양을 사용하지 않아도 냄새가 강해 고양이의 식욕을 자극합니다. 덕분에 노리코도 거부감 없이 잘 먹곤 해서 편리했습니다.

지금도 건강하게 지내고 있습니다.

Dr. 스사키의 한마디

이야기를 더 들어보니, 깊은 그릇에 음식을 담으면 건식 사료 부분만 먹었다고 합니다. 얕은 그릇에 음식을 넓게 담아주어 골고루 먹게 하는 것이 포인트였습니다.

칡가루를 넣은 고양이 통조림

재료

고양이 통조림,
칡가루 과자(점성이 높은 것)] A

채소
A 총량의 20~30퍼센트

닭가슴살
A 총량의 70~80퍼센트

만드는 방법

❶ 익힌 채소를 믹서로 갈아 페이스트 상태로 만든다.
❷ 닭가슴살은 구워서 잘게 찢어 놓는다.
❸ 고양이 통조림을 평소 분량보다 10~20퍼센트 줄이고 대신 ❶, ❷, 칡가루 과자를 더해 섞는다.

식사 횟수

식사 횟수 … 1일 1~2회
한 끼 … 70~100g

Point

이 레시피는 고양이 통조림이 주재료입니다. 수제 음식 적응을 돕기 위해 칡가루 과자, 닭고기, 채소를 조금씩 추가해보세요.

우리 집만의 노하우

● 재료 배합 비율

채소 : 닭고기(생선) = 2 : 8 또는 3 : 7

● 자주 쓰는 재료

[채소, 해조류] …… 잎채소, 뿌리채소, 감자류, 콩류, 해조류 등
[닭고기] …… 가슴살, 다리살, 안심, 모래집
[생선] …… 연어, 대구, 방어, 꽁치, 전갱이, 정어리
[곡물] …… 기본적으로 넣지 않는다.
[기타] …… 칡가루 과자로 걸쭉하게 만들어 고양이 통조림과 섞기 쉽게 한다.

● 수분 섭취 방법

적응이 필요한 시기에는 익숙한 고양이 통조림을 뜨거운 물에 녹여 주었다. 건식 사료를 갈아서 뜨거운 물을 끼얹거나, 분말 육수를 녹여서 더해주었다.

● 재료 형태

고양이 통조림을 자주 먹었으므로 페이스트 상태로 만든다.

CASE 13 높은 간 수치

약을 먹지 않고도 간 건강을 지키다

약에 의존하지 않고 수제 음식만으로 회복하다

유기묘를 입양하고 중성화를 하러 병원에 가 기본 검사를 해보니 간 GPT 수치가 평균보다 높은 251이 나왔습니다. 수술을 할 수 없었습니다.

전에 키우던 고양이는 당뇨병에 걸려 약을 대량으로 투여받으며 복수가 차오르고 원인을 알 수 없는 여러 증상에 시달리다가 세상을 떠났습니다. 이때 치료식 대신 수제 음식을 먹였다면 덜 아프게 지내지 않았을까 하는 생각에, 하나에게는 수제 음식을 먹이기로 했습니다.

처방받은 약을 먹이지 않고 수제 음식만 먹이며 상태를 지켜보았습니다. 2개월 후, 수치가 GPT 251→100으로 떨어져 무사히 중성화 수술을 받았습니다.

처음엔 수제 음식을 잘 먹었지만 수프에 말은 밥은 마음에 들지 않아 했습니다. 여러 가지 시도를 해본 결과, 육류 8 : 채소 2(+허브와 기름)의 비율로 자리를 잡았습니다.

육류나 생선 모두 잘 먹습니다. 소고기를 네모나게 썰어서 삶으면 안 먹지만 구워주니 잘 먹었습니다. 똑같은 음식에 질리지 않도록 하루걸러 육류와 생선을 번갈아 줬습니다. 고양이 네 마리와 함께 생활하고 있는데 저마다 선호하는 음식이 다 달라요.

Dr. 스사키의 한마디

간 수치가 높을 때 수제 음식으로 바꿔서 수치가 안정되는 경우가 있습니다. 반대로 안정되지 않는 경우에는 식사 이외의 문제를 생각할 수 있으므로 동물병원에 가서 근본적인 원인을 찾아야 합니다. 간 이외에 다른 원인이 있을 수도 있습니다.

닭고기 바지락 국밥

재료

닭 안심＋모래집
전체량의 80퍼센트

호박, 고구마, 잎새버섯, 소송채
전체량의 20퍼센트

애기쐐기풀 분말 한 꼬집

올리브유 1큰술

바지락 삶은 국물 적당량

토핑용 가다랑어포 적당량

만드는 방법

❶ 고기와 채소는 압력 냄비에 넣고 부드럽게 삶는다.
❷ 고기를 한입 크기의 반 정도로 자른다.
❸ 호박, 고구마는 으깨서 퓨레 상태로 만든다. 다른 채소와 버섯은 잘게 다진다.
❹ ❷에 ❸을 올리고 애기쐐기풀 분말, 올리브유, 바지락 삶은 국물을 뿌린 뒤 가다랑어포를 올린다.

식사 횟수

식사 횟수 … 1일 1~2회
한 끼 … 70~100g

Point

흥건하지 않을 정도로만 바지락 삶은 국물을 부어요.
질리지 않도록 닭고기와 생선을 번갈아가며 줍니다.

우리 집만의 노하우

● 재료 배합 비율

육류(생선) : 채소 = 8 : 2

● 자주 쓰는 재료

[채소] …… 호박, 잎새버섯, 소송채 등의 푸른 채소 …… 총 10g 정도
[육류] …… 닭가슴살 40g, 간 또는 모래집 …… 20g
[생선] …… 참치 뼈, 가다랑어 등 …… 60g 정도
[기타] …… 올리브유, 참기름, 아마씨유 중 하나 …… 1큰술 정도
[토핑] …… 가다랑어포

● 수분 섭취 방법

바지락 국물을 붓는다.

CASE 14 배탈, 혈변

수제 음식의 비율을 늘릴수록 장이 건강해지다

좋아하던 통조림이 단종되어 시작한 수제 음식으로 변 상태가 건강해졌다

자주 배탈이 나고, 대변 끝에는 피가 섞인 점막이 나왔습니다. 모모가 좋아하던 통조림이 단종되어 우연히 수제 음식을 시작했는데, 수제 음식을 먹이자 장이 건강해졌습니다.

처음에는 닭 안심에 입맛을 길들이고 점차 양배추가 들어간 것, 당근이 들어간 것에 익숙해지게 했습니다. 채소류는 이렇게 종류와 양을 서서히 늘려나갔습니다.

시작한 지 한 달이 지난 무렵이었습니다. 그전까지는 재촉에 못 이겨 한 번씩 주던 건식 사료도 주지 않았습니다. 수제 음식만 주고 다른 건 절대 주지 않앗습니다. 제 마음이 전해진 건지, 포기한 건지 드디어 수제 음식을 받아들였습니다.

늘 배탈이 나서 대변 끝에는 피가 섞인 점막이 나왔습니다. 수제 음식을 먹기 시작해서 건식 사료를 먹는 양이 줄어든 2~3일 후부터 장의 상태가 안정을 되찾았습니다. 건식 사료의 양이 줄면서 장 상태가 점점 좋아졌습니다. 지금은 수시로 배탈이 났던 일이 거짓말처럼 느껴집니다.

Dr. 스사키의 한마디

잘 먹지 않으면 밥을 손에 덜어 고양이 코끝에 가져가서 계속 냄새를 맡게 해주었다고 해요. 냄새를 맡다 보면 자신이 먹을 음식이라는 사실을 인식하는 것 같았다고 합니다. 어린 시절의 입맛이 중요합니다.

장이 건강해지는 닭 안심 수프

재료

닭 안심
2개

만드는 방법

❶ 닭 안심을 5~8밀리미터로 자르고 물 적당량을 부은 냄비에 넣어 삶는다.
❷ 수프째 준다.

식사 횟수

아침, 저녁 1일 2회

Point

고양이의 코끝까지 가져가서 냄새를 맡게 해 음식이라는 인식을 갖게 해주세요.
마른 멸치나 가다랑어포를 토핑하면 잘 먹는 경우도 있어요.
무리하지 않고 다음에는 여기에 양배추만 더하는 등 다른 재료를 조금씩 추가해보세요.

우리 집만의 노하우

● 재료 배합 비율

육류 : 채소 = 8 : 2

● 자주 쓰는 재료

[채소, 해조류] …… 양배추, 당근, 호박, 팽이버섯, 미역(총 20g 정도)
[육류] …… 닭 안심 2개
[생선] …… 참치 100g
[기타] …… 올리브유, 참기름, 아마씨유 중 하나(1큰술 정도)
[토핑] …… 가다랑어포

● 수분 섭취 방법

멸치 육수나 닭 안심을 끓인 국물을 넣어서 풍미를 좋게 한다.

● 재료 형태

육류는 5~8밀리미터 정도 크기로 자른다. 채소는 푸드 프로세서로 잘게 간다.

CASE 15 편식

수제 음식으로 이제는 채소도 잘 먹는다

고양이가 채소를 좋아하게 된 사연은?

반려견의 식사를 수제 음식으로 바꿨습니다. 보호하고 있던 고양이와 함께 지내게 되면서 고양이 수제 음식도 자연스럽게 시작했습니다.

음식을 바꾼 지 얼마 안 됐을 때는 '이 밥은 못 먹어!'라는 식으로 한동안 화를 냈습니다. 한번은 과감히 먹여야겠다고 마음을 먹었습니다. 고양이용 통조림과 밥을 섞어서 먹는 만큼 실컷 먹도록 놔뒀습니다. 평소의 네 배 정도 먹었을 것입니다. 당연히 설사를 했습니다. 그리고 일주일에서 열흘 정도는 계속 속이 불편했는지 식욕이 불안정했습니다. 그 후부터는 만든 음식을 맛있게(?) 먹기 시작했습니다.

지금은 아스파라거스, 슈가 스냅피(완두콩), 숙주, 만가닥버섯 등 맛이 진한 채소와 버섯을 좋아합니다. 아스파라거스를 자르지 않은 채로 눈앞에서 흔들자, 장난감인 줄 알고 가지고 놀다가 자기도 모르게 입속에 넣고 한 개를 통째로 먹은 적이 있습니다. 이때부터 채소를 좋아하게 됐어요. 이제는 채소에 거부감을 갖지 않는 것 같습니다. 삶은 우엉, 연근, 무 등의 뿌리 채소는 간식으로 자주 먹습니다.

Dr. 스사키의 한마디

병과 관련된 사례는 아니지만 이런 식으로 수제 음식을 먹게 될 수도 있다고 소개한 것입니다. 가장 좋아하는 음식은 구운 김이라고 하네요.

가자미와 채소로 만드는 부드러운 조림

재료

쌀밥
약 20g

가자미
약 140g

당근, 만가닥버섯, 양배추, 감자
총 40g

토핑 재료
구운 김 …… 적당량
뱅어포 …… 1큰술

만드는 방법

❶ 가자미와 잘게 다진 채소를 냄비에 넣고 소량의 물로 끓인다.
❷ ❶과 쌀밥을 잘 섞는다.

식사 횟수

새끼 고양이 때
머리 크기 1/2 정도 양을 하루 4~6끼

Point

칡가루로 걸쭉하게 만들어도 좋아요.
뱅어포나 구운 김 등 좋아하는 풍미의 재료를 토핑해서 식욕을 돋워요!

우리 집만의 노하우

● 재료 배합 비율

육류(생선) : 채소 : 쌀밥 = 7 : 2 : 1

● 자주 쓰는 재료

[육류] …… 닭고기, 돼지고기
[생선] …… 정어리, 연어, 고등어. 생선 통조림을 활용하는 경우도 있다.
[채소] …… 당근, 감자, 고구마 등 뿌리채소류, 양배추나 소송채 등 잎채소
[곡물] …… 쌀밥
[기타] …… 칡가루
[토핑] …… 구운 김, 가다랑어포, 뱅어포

● 수분 섭취 방법

육류나 생선을 끓여 우려낸 국물. 식사 전 국물을 먼저 먹게 한다.

● 재료 형태

새끼 고양이 때는 페이스트 상태로 주고, 자란 다음에는 다진 형태로 준다.

칼럼

이런 소문을 들었는데 정말인가요?

소문 : 한 끼라도 굶으면 간 리피도시스가 생긴다?

진실 : 일주일 이상 먹지 않는다면 잘 지켜봐야 합니다!

"고양이는 밥을 안 먹으면 간 리피도시스가 생긴다고 하던데 괜찮나요?"라고 묻는 분이 있습니다. 부정확한 정보를 전해 들은 고양이 집사가 흔히 하는 고민입니다. 정확히는 '심각하게 뚱뚱한 고양이'가 밥을 '1~2주 이상 먹지 않을' 경우 '지방간이 생겨서 심하면 황달에 걸릴' 가능성이 있습니다.

간 리피도시스 예방을 위해서는 탄탄한 몸을 유지해야 하며 치료에 관해서는 반드시 수의사의 지시를 따르기 바랍니다.

탄탄한 몸을 유지하도록
평소에 노력해야겠어.

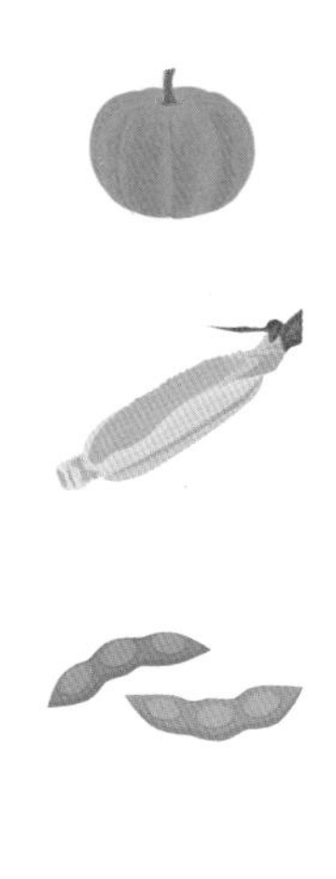

생애주기·증상·질병별 레시피 37

이유기, 성장기의 새끼 고양이를 위한 영양학

생후 3~8주의 이유기에는 작은 육류 덩어리를 조금씩 준다

생후 3~8주의 이유기에는 새끼 고양이 상태를 살피면서 무리하지 않고 먹이는 것이 중요합니다.

기본적으로는 육류와 생선을 먹이면 좋습니다. 목에 걸리지 않을 정도의 크기로 다져서 주세요. 한 번에 먹이는 식사량은 배가 가슴보다 조금 부풀었나 싶은 정도가 알맞습니다. 과식하면 결국 토해내므로 적당량만 만들어주세요.

생후 50일~1년의 성장기, 서서히 식사 횟수를 줄인다

이유기가 끝난 무렵부터 채소와 곡물을 식사에 넣어주세요. 육류는 다지지 않고 잘게 썬 정도의 크기면 잘 먹습니다.

하루 식사 횟수의 기준은 개체별 차이가 있지만 생후 2~4개월은 1일 4회 정도, 4~6개월은 1일 3회 정도입니다. 생후 6개월은 1일 2회씩 줘도 괜찮습니다. 식사 횟수에 절대적인 규칙이 있는 것이 아닙니다. 고양이마다 차이가 나니 먹이며 조절해주세요..

생후 6개월 이후에는 먹고 싶어하는 만큼 먹인다

생후 6개월 정도가 되면 먹고 싶어하는 만큼 먹여도 상관없습니다. 단, 통통한 것은 괜찮지만 너무 뚱뚱해지지는 않도록 주의하기 바랍니다. 또 이때까지 먹어온 것을 앞으로 음식으로 여기게 되므로 최대한 다양한 재료를 맛보게 하는 것을 추천합니다. 고양이는 기본적으로 조금씩 여러 번 먹는 성향이 있습니다.

이유기, 성장기의 새끼 고양이에게 필요한 영양소

이유기, 성장기는 몸이 만들어지는 때이면서 음식에 관한 기호가 결정되는 시기이기도 합니다. 여러 가지를 골고루 먹고 많이 운동하면 튼튼하게 자랍니다.

영양소별 추천 재료

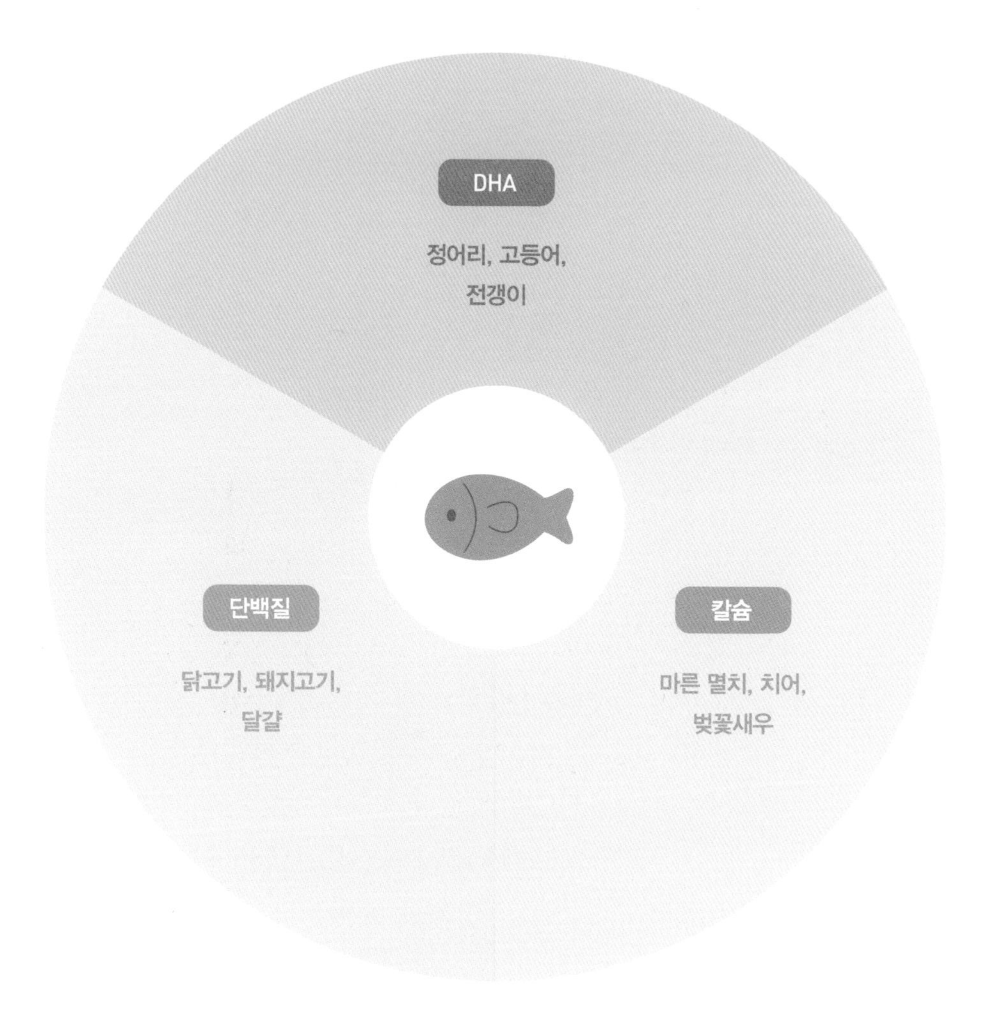

영양 균형을 맞추는 재료 조합

단백질과 미네랄로
쑥쑥 성장!

단백질과 미네랄이 풍부한 닭고기 덮밥

재료

닭고기 …… 40g
삶은 달걀 …… 1/2개(25g)
호박 …… 10g
브로콜리 …… 10g
쌀밥 …… 1큰술
식물성 기름 …… 4작은술
마른 멸치 가루 …… 적당량

—

생식과 화식 중에서 고양이 기호에 맞춰 선택한다.

만드는 방법

생식

❶ 쌀밥을 짓는다.

❷ 호박, 브로콜리를 잘 씻어서 다지고 식물성 기름을 사용해 볶는다.

❸ 닭고기는 한입 크기로 자른다.

❹ ❶ 한 큰술(12g)과 삶은 달걀을 그릇에 넣고 ❷, ❸, 마른 멸치 가루를 뿌려서 다 함께 뒤섞는다.

화식

❶ 쌀밥을 짓는다.

❷ 호박, 브로콜리를 잘 씻어서 다진다.

❸ 닭고기는 한입 크기로 자르고 ❷, 식물성 기름과 함께 볶는다.

❹ ❶ 한 큰술(12g)과 삶은 달걀을 그릇에 넣고 ❸, 마른 멸치 가루를 뿌린다. 다 함께 뒤섞는다.

임신 중, 수유 중인 어미 고양이를 위한 영양학

기본적인 건강 관리법

고양이의 임신 기간은 약 2개월이며 이 기간에 반려인이 심각하게 주의를 기울일 필요는 없습니다. 필요하면 고양이가 스스로 식사량을 더 요구하므로 충분한지 부족한지는 쉽게 알 수 있을 것입니다. 어미 고양이의 몸과 마음이 모두 건강하다면 반려인이 특별히 걱정할 일은 없습니다. 누가 알려준 것도 아니지만 어미 고양이는 새끼 고양이를 스스로 잘 낳아 키웁니다.

흔한 걱정거리

'식사량이 많이 늘어나지 않는데 괜찮나요?'라고 물어보는 사람이 있습니다. 개체마다 필요로 하는 양이 다르므로 새끼 고양이와 어미 고양이가 튼튼한지 지표로 삼으면 됩니다.

임신기에 영양이 부족해서 뱃속의 새끼가 자라지 않는 경우가 있기는 하지만, 식사를 완전히 거부하는 상황만 아니라면 보통은 큰 문제가 없습니다.

효과적인 영양소와 효능

임신기, 수유기에는 다양한 영양소가 골고루 필요하기 때문에 육류나 생선을 중심으로 먹이는 것이 중요합니다. 또한 수유 중에는 영양분과 칼로리가 더 많이 필요하므로, 까나리나 치어 등 통째로 먹을 수 있는 재료를 충분한 수분과 함께 먹여야 합니다. 걱정된다면 비타민, 미네랄 보조제를 함께 먹이는 방법도 검토해보세요.

임신 중, 수유 중인 어미 고양이에게 필요한 영양소

임신 중에는 특히 모든 영양소가 골고루 필요합니다. 통째로 먹을 수 있는 재료를 중심으로 다양한 식품을 먹이세요. 수유 중에는 고양이가 요구하는 대로 맞춰주면 됩니다.

영양소별 추천 재료

영양 균형을 맞추는 재료 조합

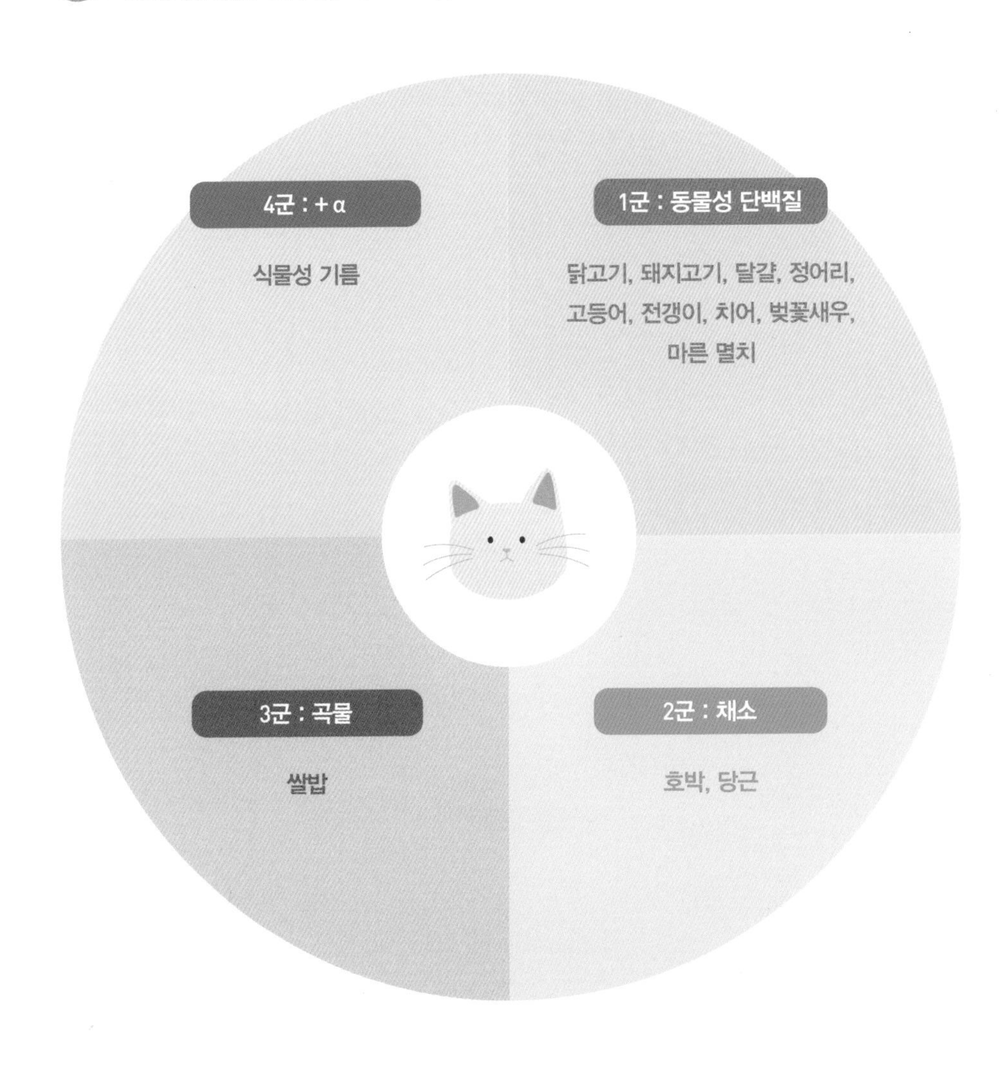

산후조리에 좋은 돼지고기 덮밥

재료

돼지고기 …… 40g
삶은 달걀 …… 1/2개(25g)
당근 …… 10g
호박 …… 10g
쌀밥 …… 1큰술
식물성 기름 …… 4작은술
마른 멸치 가루 …… 적당량

만드는 방법

❶ 쌀밥을 짓는다.
❷ 당근, 호박을 잘 씻어서 다진다.
❸ 돼지고기는 한입 크기로 자르고 ❷, 식물성 기름과 함께 볶는다.
❹ ❶ 한 큰술(12g)과 삶은 달걀을 그릇에 넣고 ❸, 마른 멸치 가루를 뿌린다. 다 함께 뒤섞는다.

꼭 필요한 영양소가
골고루 들어 있다!

노묘를 위한 영양학

일곱 살부터 노묘라고 딱 자를 수 없다

고양이 평균 수명은 10~16세 정도로 알려져 있습니다.(사람으로 치면 56~80세입니다.) 일곱 살부터 시니어용 사료를 먹이라고 많이들 이야기합니다.

그러나 사람도 언제부터가 노인인지 명확한 경계선이 없고 개인차가 크듯, 열두 살이라도 어려 보이는 고양이가 있는가 하면 다섯 살인데도 늙어 보이는 고양이가 있습니다. 일곱 살로 딱 잘라 구분하는 것은 무리가 있습니다.

노령기 운동과 몸무게 관리가 중요하다

사람과 마찬가지로 고양이 역시 나이를 먹으면 운동량이 줄고 식욕이 저하되며 대사도 떨어져 살이 찌기 쉽습니다.

운동량이 줄면 근육량이 적어지고 뼈도 약해집니다. 그렇다고 해서 고양이에게 억지로 운동을 시키거나 밥을 먹일 수는 없기 때문에, 어릴 때부터 습관을 잘 들여주는 것이 중요합니다. 음식과 놀이에 적극적인 고양이로 자라게 도와주세요.

뚱뚱한 고양이는 저칼로리식, 마른 고양이는 고칼로리식

다리와 허리는 점점 약해지는데, 살까지 찌면 몸을 지탱하기가 힘들어집니다. 그러므로 식사량을 조절해서 적정 몸무게를 유지해야 합니다. 그렇다고 소식해서 마른 고양이에게까지 식사량을 줄이면 그때는 근력 저하가 더 심해집니다. 개체에 맞게 식사량을 조절해야 하며, 기본적으로는 노령이고 뚱뚱하면 저칼로리식, 노령이고 말랐으면 고칼로리식을 먹이도록 합니다. 닭 껍질 등으로 지방량을 조절할 수 있습니다.

노묘에게 필요한 영양소

식욕 저하로 살이 빠질 경우에는 적은 식사량으로도 높은 에너지를 낼 수 있는 고칼로리 식단이 필요합니다. 시중에 파는 노묘 사료는 몸무게 증가를 예방하는 게 목적이라는 걸 유념해주세요.

영양소별 추천 재료

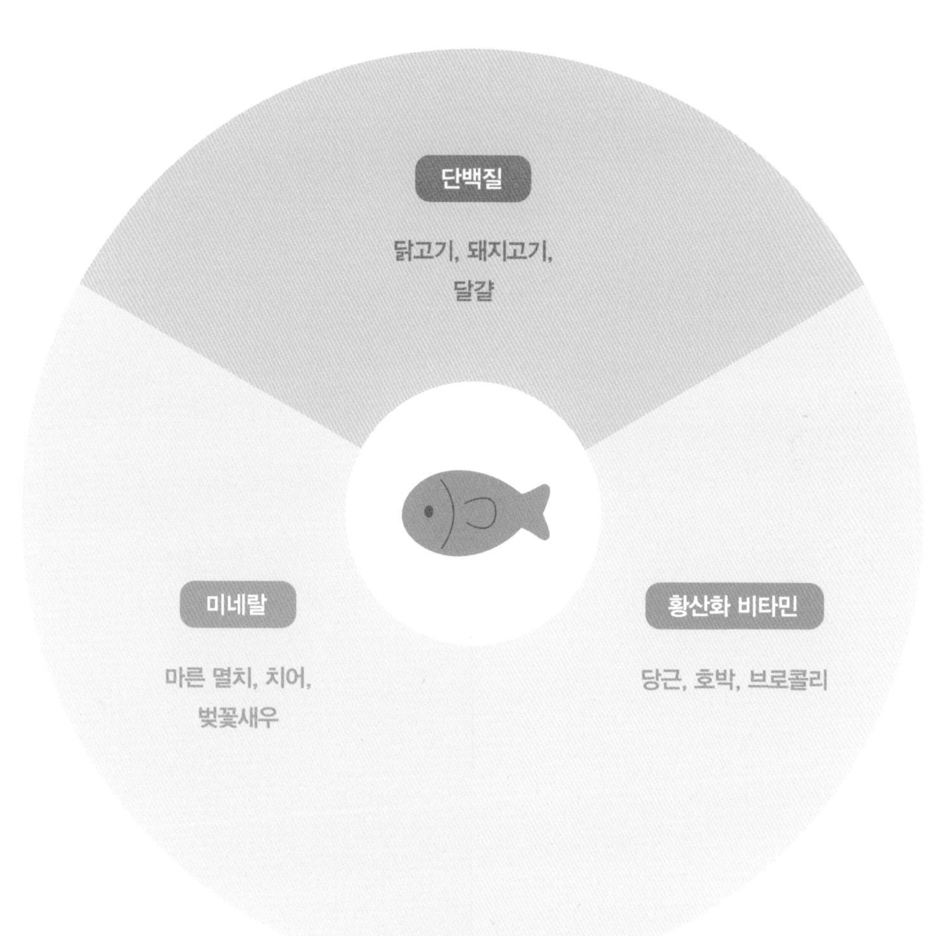

영양 균형을 맞추는 재료 조합

닭 껍질 등에 들어 있는
지방의 양으로 칼로리 조절!

몸무게 유지에 좋은 두부 덮밥

재료

닭고기 …… 30g

두부 …… 10g

당근 …… 10g

고구마 …… 10g

쌀밥 …… 1큰술

식물성 기름 …… 4작은술

마른 멸치 가루 …… 적당량

—

생식과 화식 중에서 고양이 기호에 맞춰 선택한다.

만드는 방법

생식

❶ 쌀밥을 짓는다.

❷ 고구마, 당근을 잘 씻어서 다지고 식물성 기름을 사용해 볶는다.

❸ 닭고기는 한입 크기로 자른다.

❹ ❶ 한 큰술(12g)과 삶은 두부를 그릇에 넣고 ❷, ❸, 마른 멸치 가루를 뿌려서 다 함께 뒤섞는다.

화식

❶ 쌀밥을 짓는다.

❷ 고구마, 당근을 잘 씻어서 다진다.

❸ 닭고기는 한입 크기로 자르고 ❷, 식물성 기름과 함께 볶는다.

❹ ❶ 한 큰술(12g)과 삶은 두부를 그릇에 넣고 ❸, 마른 멸치 가루를 뿌린다. 다 함께 뒤섞는다.

비만 개선을 위한 영양학

기본적인 건강 관리법

일본에서 옛날에 반영되었던 애니메이션 〈왔다! 뚱냥이〉에 나오는 고구마를 좋아하는 노란색 뚱보 고양이가 참 귀엽습니다. 하지만 현실 세계에서 살찐 고양이는 여러 가지 장애와 핸디캡을 짊어질 가능성이 커서 운동량(에너지 소비량)에 알맞은 식사량 관리가 매우 중요합니다. 고양이는 좀처럼 습성을 바꾸지 않기 때문에 어릴 때부터 습관화을 들이는 것이 중요합니다.

흔한 걱정거리

살이 찌면 무슨 문제가 생길까요? 일단 몸이 무거워지면 사람과 마찬가지로 관절염, 혈중 지질 농도, 동맥경화 등과 관련된 문제가 우려됩니다. 또 마취가 잘 안 되고 잘 깨지 않는 점도 큰 문제입니다. 이는 마취약이 지방에 용해되기 때문입니다. 지방량이 많으면 약이 지방에 포화될 때까지 효과가 잘 듣지 않고, 반대로 마취에서 깰 때는 지방에서 약 성분이 잘 빠져나오지 못해 깨어나기 어렵습니다.

효과적인 영양소와 효능

종종 '살을 빼려면 무엇을 먹어야 하나요?'라고 물어보는데 질문의 방향성이 적절하지 않습니다. 앞에서 말했듯이 식사량을 적당하게 줄이고, 운동하는 시간을 늘려서 근육을 키우고 살이 잘 찌지 않는 체질을 만들어야 합니다. 그러기 위해서는 근육의 원료인 육류나 생선을 먹는 것 이외에도 운동량이 주요 변수입니다. 먹는 것보다 운동이 중요합니다!

비만인 고양이에게 필요한 영양소

가장 중요한 것은 운동이지만 지방 연소 효율을 높이기 위한 비타민B1, 비타민B2와 비타민을 돕는 미네랄을 섭취해서 튼튼한 몸을 만듭시다!

영양소별 추천 재료

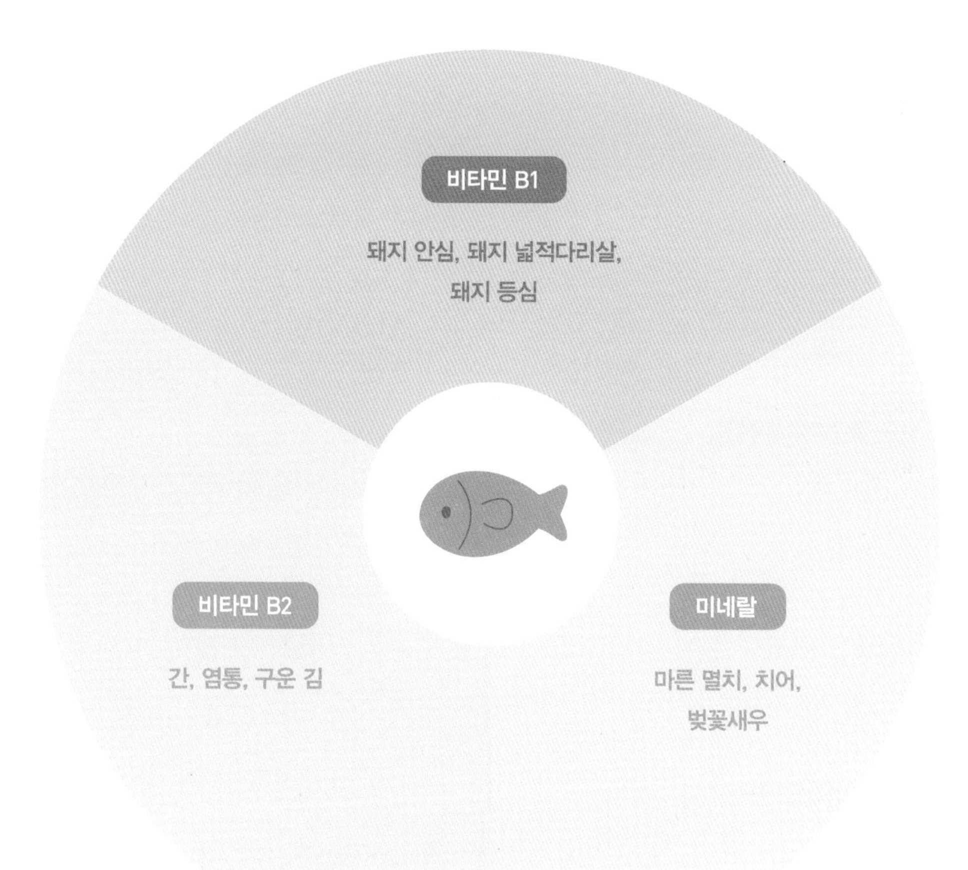

영양 균형을 맞추는 재료 조합

4군 : +α

비지, 식물성 기름

1군 : 동물성 단백질

돼지 안심, 돼지 넓적다리살, 돼지 등심, 간, 염통, 흰살생선, 치어, 벚꽃새우, 마른 멸치

3군 : 곡물

쌀밥, 고구마

2군 : 채소

무, 구운 김

저칼로리 흰살생선으로
다이어트에 좋다!

다이어트에 좋은 흰살생선 덮밥

재료

흰살생선 …… 40g
비지 …… 10g
무 …… 10g
고구마 …… 1큰술
쌀밥 …… 10g
식물성 기름 …… 4작은술
마른 멸치 가루 …… 적당량

—
생식과 화식 중에서 고양이 기호에 맞춰 선택한다. 생식은 도미를, 화식은 은대구를 사용한다.

만드는 방법

생식

❶ 쌀밥을 짓는다.
❷ 무, 고구마를 잘 씻어서 다지고 식물성 기름을 사용해 볶는다.
❸ 도미는 한입 크기로 자른다.
❹ ❶ 한 큰술(12g)과 삶은 비지를 그릇에 넣고 ❷, ❸, 마른 멸치 가루를 뿌려서 다 함께 뒤섞는다.

화식

❶ 쌀밥을 짓는다.
❷ 무, 고구마를 잘 씻어서 다진다.
❸ 은대구를 한입 크기로 자르고 ❷, 식물성 기름과 함께 볶는다.
❹ ❶ 한 큰술(12g)과 삶은 비지를 그릇에 넣고 ❸, 마른 멸치 가루를 뿌린다. 다 함께 뒤섞는다.

저체중, 식욕 부진, 구토 개선을 위한 영양학

기본적인 건강 관리법

표준 몸무게 미달, 식욕 부진, 구토는 단순히 '먹으면 된다, 멈추면 된다'를 넘어 왜 그렇게 됐는지 원인을 찾고 해결하는 것이 매우 중요합니다.

표준보다 몸무게가 적게 나가더라도 고양이가 활발하면 일단 괜찮다고 보지만, 힘이 없으면 원인을 찾아야 합니다.

또 먹지 않아서 말랐을 경우에는 음식을 먹이면 해결되지만 먹어도 살이 빠진다면 몸속에 감염증이나 종양 등 에너지를 소모하는 증상이 생겼을 수 있으니 동물병원에서 검사를 받아보기 바랍니다.

식욕이 없는 경우에는 소화기에 염증 등의 장애가 생긴 결과로 불쾌함 때문에 입맛을 잃은 것일 수 있습니다. 이런 상태로는 밥을 먹지 못하므로 수의사에게 '뭘 주면 먹을까요?'라고 묻기보다 '무엇 때문에 식욕이 없을까요?'라고 물어보세요. 식욕이 떨어지는 증상은 반드시 원인이 있습니다.

제멋대로 굴며 먹지 않을 경우에는 '먹지 않을 거면 안 먹어도 상관없다'는 자세로 임해봅시다.

새벽과 같은 공복 상태에서 위액을 토하는 고양이의 경우 음식을 조금 먹여서 위를 채우면 토하지 않습니다. 그러나, 이 경우에도 원인은 반드시 몸속 장기에 있으므로 겉으로 보이는 구역질은 멈춰도 속으로는 서서히 심각한 상태가 될지도 모릅니다. 특히 1~2시간마다 구토할 경우는 중증일 수 있으니 즉시 동물병원에 가서 검사를 받아야 합니다.

저체중, 식욕 부진, 구토에 도움을 주는 영양소

장의 점막 세포는 식사를 통해 가장 직접적으로 영양 공급을 받습니다. 쇠약해지면 다른 무엇도 소용이 없습니다. 음식의 맛을 내는 방법을 고안해서 식욕을 되찾게 도와줍시다.

영양소별 추천 재료

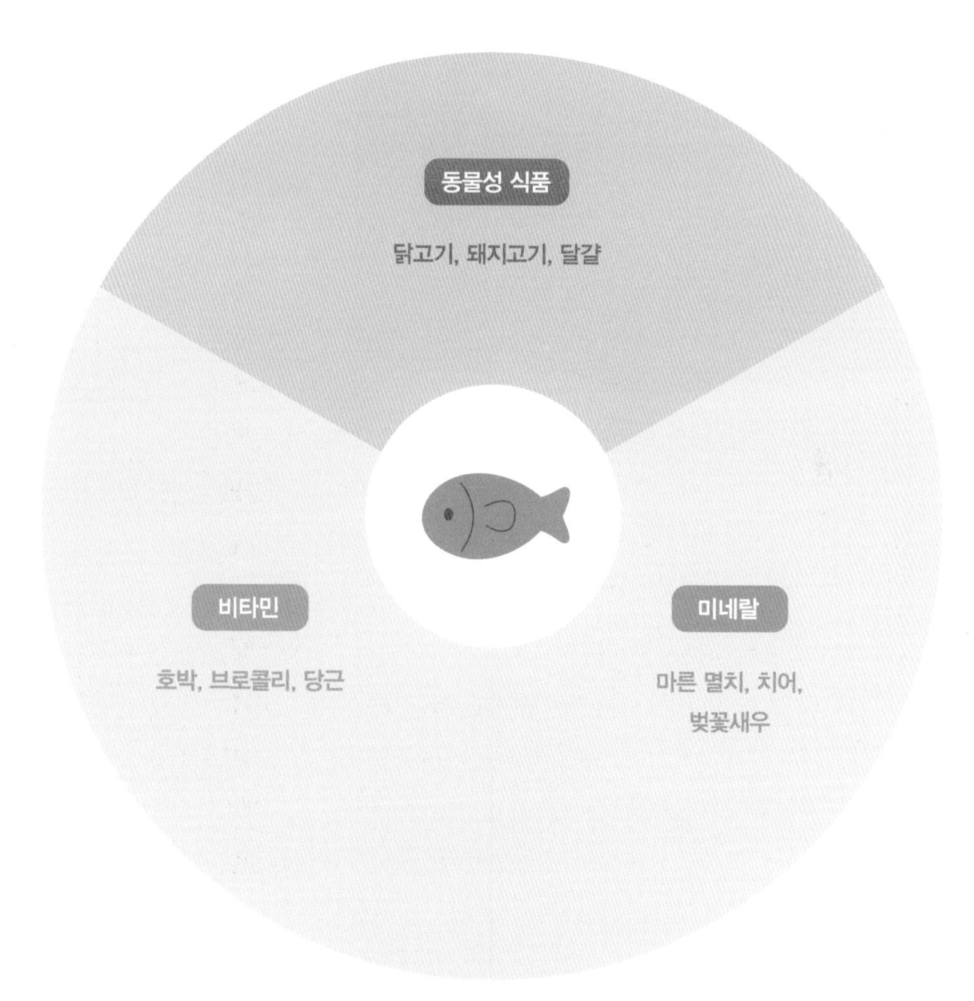

영양 균형을 맞추는 재료 조합

원기 회복 양고기 덮밥

재료

양고기 …… 40g
삶은 달걀 …… 1/2개(25g)
호박 …… 10g
브로콜리 …… 10g
쌀밥 …… 1큰술
식물성 기름 …… 4작은술
마른 멸치 가루 …… 적당량

만드는 방법

❶ 쌀밥을 짓는다.
❷ 호박, 브로콜리를 잘 씻어서 다진다.
❸ 양고기를 한입 크기로 자르고 ❷, 식물성 기름과 함께 볶는다.
❹ ❶ 한 큰술(12g)과 삶은 달걀을 그릇에 넣고 ❸, 마른 멸치 가루를 뿌린다. 다 함께 뒤섞는다.

양고기의 풍미로
식욕 증진!

벼룩, 진드기 퇴치를 위한 영양학

기본적인 건강 관리법

고양이는 그루밍을 하는 습관이 있어서 체취도 거의 나지 않습니다. 건강한 고양이에게는 해충이 눌러앉기 어렵지요. 하지만 몸 상태가 안 좋아서 그루밍을 할 수 없으면 체취가 달라지기 때문인지 해충이 달라붙는 경우가 있습니다. 또한 치석, 치은염, 치주병 등으로 구취가 심할 때 그 타액으로 그루밍을 하게 되면 피부에 해충이 눌러앉는 원인이 될 수 있으므로 구내 케어가 중요합니다.

흔한 걱정거리

고양이 몸에 벼룩이나 진드기가 기생해서 피부염을 일으키면 큰일이지요. 집에 벼룩이나 진드기가 생겨서 동거하는 동물이나 고양이 집사까지 피해를 입는 것도 문제입니다. 이런 경우 벼룩이나 진드기가 달라붙은 원인을 찾아야 합니다. 몸 상태가 안 좋아서 벼룩이나 진드기가 붙을 수 있으니 즉시 대처하는 것이 중요합니다. 외출하는 고양이는 특히 주의해야 합니다.

효과적인 영양소와 효능

마늘 향에는 벼룩이나 진드기를 쫓는 효과가 있다고 합니다. 대량으로 먹일 필요는 없지만 1/4~1/2쪽 정도 갈아서 식사에 섞어주는 정도는 괜찮습니다. 또한 님(neem)이라고 하는 허브 진액을 몸이나 잠자리에 뿌려주는 방법도 추천합니다. 고양이가 핥아도 문제가 없으므로 안심하고 사용할 수 있습니다.

벼룩이나 진드기가 있는 고양이에게 필요한 영양소

구내 케어나 님과 같은 허브의 효능에 더해 마늘 향의 힘까지 빌리면 벌레도 도망갈 거예요.

영양소별 추천 재료

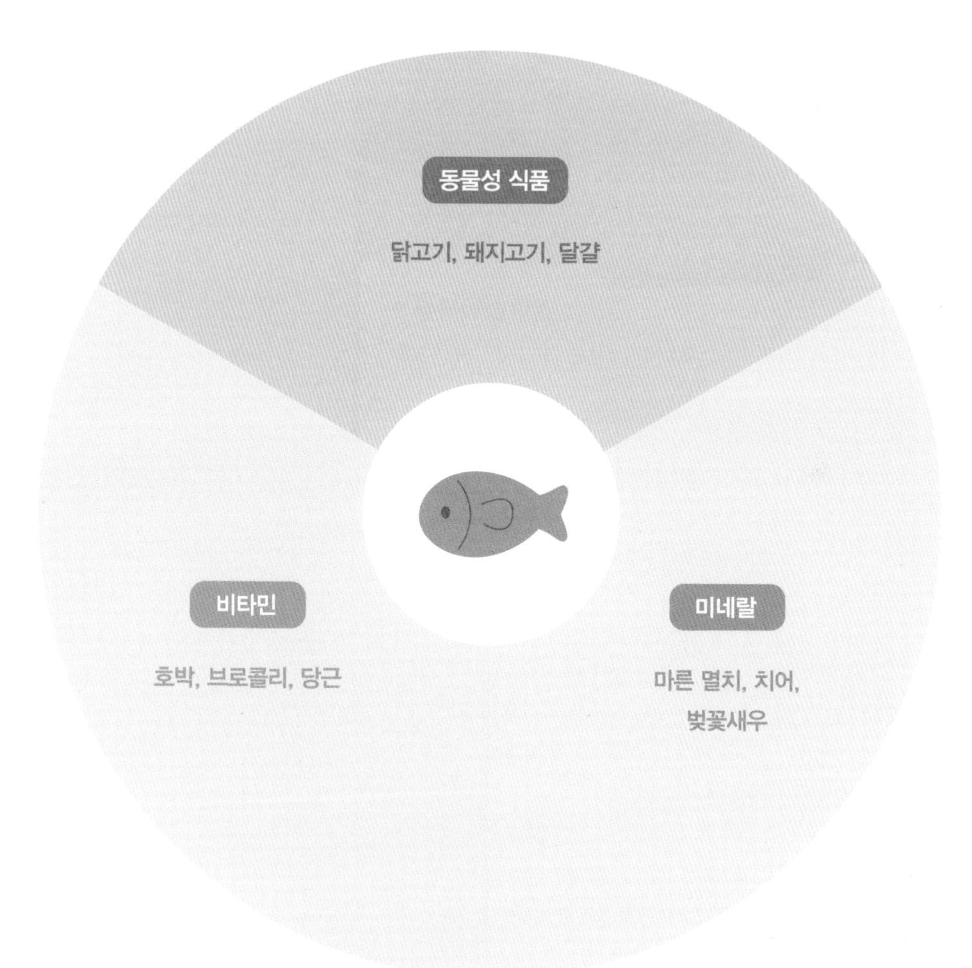

영양 균형을 맞추는 재료 조합

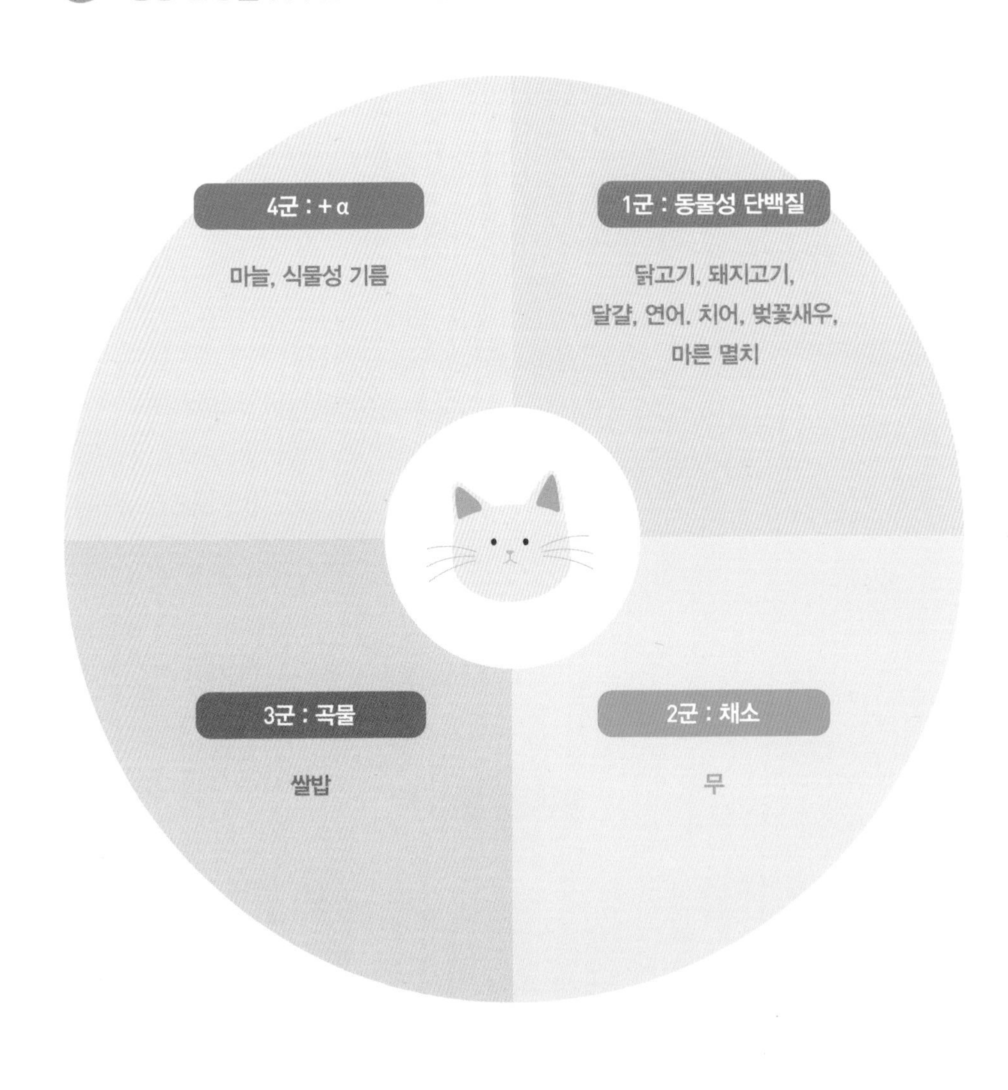

구취 제거에 좋은 무밥

재료

연어 …… 40g
무 …… 10g
무청 …… 5g
마늘 …… 1g
쌀밥 …… 1큰술
식물성 기름 …… 4작은술
마른 멸치 가루 …… 적당량

만드는 방법

❶ 쌀밥을 짓는다.
❷ 무, 무청, 마늘을 잘 씻어서 다진다.
❸ 연어를 한입 크기로 자르고 ❷, 식물성 기름과 함께 볶는다.
❹ ❶ 한 큰술(12g)을 그릇에 넣고 ❸, 마른 멸치 가루를 뿌린다. 다 함께 뒤섞는다.

마늘 향의 힘으로
벼룩과 진드기도 퇴치!

외이염 개선을 위한 영양학

기본적인 건강 관리법

외이염에 걸리지 않으려면 귓속을 청결하게 유지하는 것이 매우 중요합니다. 하지만 단번에, 완벽하게 깨끗이 하려고 하는 나머지 귀를 너무 강하게 문지르면 귀의 방호벽 기능이 저하되어 그곳으로 균이나 곰팡이가 침입해 증상이 악화할 가능성이 있습니다. 그러니 귀를 살살 문지르며 청소해주세요. 귀 청소를 강하게 싫어하는 기미가 보이면 멈춰야 합니다.

흔한 걱정거리

귀를 너무 억지로 세정하는 바람에 부어서 귓구멍이 막히고 세정조차 할 수 없게 된 사례를 자주 봅니다. 무슨 일이든 알맞게 하는 것이 중요하죠.

또 세정을 확실히 했는데도 염증이 악화할 경우, 몸의 어딘가가 안 좋아서 그 영향이 귀에 나타날 수도 있으니 전신에 문제가 없는지 동물병원에서 확인하기 바랍니다.

효과적인 영양소와 효능

도움이 되는 특별한 영양소는 없지만, 피부를 튼튼하게 할 목적으로 비타민A나 비타민C를 적극적으로 섭취하면 도움이 될 수 있습니다. 또한 항염증 작용을 위해 오메가3 지방산인 EPA나 DHA를 적극적으로 섭취하는 것도 좋습니다. 그러나 염증은 침입한 이물질을 내보내기 위해서 일어나는 필요한 행위이므로 섣불리 막는 것이 능사가 아닙니다.

외이염에 필요한 영양소

비타민A와 비타민C로 피부를 튼튼하게 하고, 항염증 작용을 위해 오메가3 지방산인 EPA와 DHA를 섭취하는 것을 추천합니다.

영양소별 추천 재료

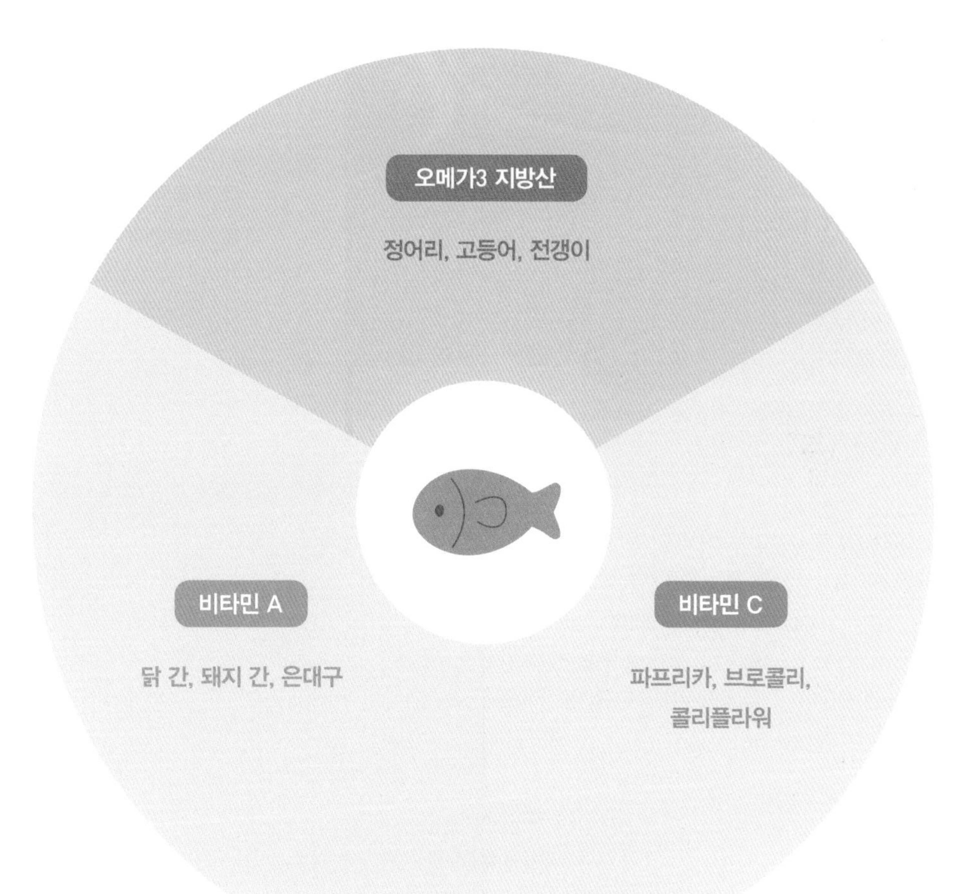

영양 균형을 맞추는 재료 조합

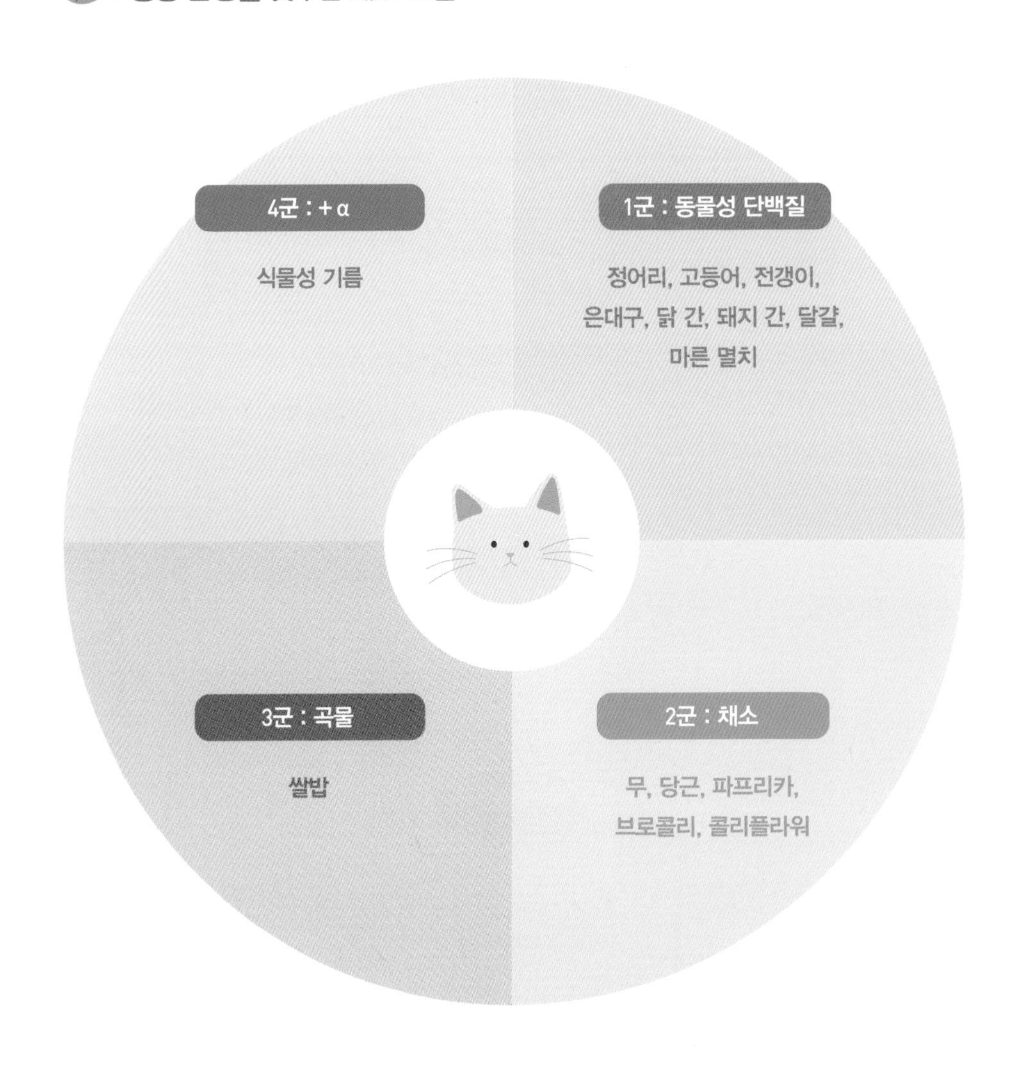

피부가 좋아지는 닭 간 덮밥

화식

재료

삶은 달걀 …… 1/2개(25g)
닭 간 …… 10g
무 …… 10g
브로콜리 …… 5g
당근 …… 10g
쌀밥 …… 1큰술
식물성 기름 …… 4작은술
마른 멸치 가루 …… 적당량

만드는 방법

❶ 쌀밥을 지어놓는다.
❷ 무, 브로콜리, 당근을 잘 씻어서 다진다.
❸ 닭 간을 한입 크기로 자르고 ❷, 식물성 기름과 함께 볶는다.
❹ ❶ 한 큰술(12g)과 삶은 달걀을 그릇에 넣고 ❸, 마른 멸치 가루를 뿌린다. 다 함께 뒤섞는다.

비타민A와 비타민C로
귀 피부를 건강하게!

설사, 변비, 혈변 개선을 위한 영양학

기본적인 건강 관리법

설사나 혈변을 멈추려고 약에만 의존할 수 없습니다. 원인을 찾아서 해결하지 않으면 언제든 재발할 수 있습니다.

변비는 식사의 질 문제도 있지만 식사 외에 운동량, 장내 세균 상태, 신경계 문제나 다른 장기 트러블 등의 원인이 있을 수 있습니다. '고작 변비쯤이야 괜찮겠지' 하며 가볍게 생각하지 말고 장 운동이 활발하지 않은 원인을 찾아야 합니다.

흔한 걱정거리

물 같은 설사를 계속하면 체내 수분이나 전해질의 양이 부족해져서 생명이 위험해질 수도 있습니다. 이런 경우에는 일단 지사제를 먹여야 합니다.

변비가 오래 지속하면 장속에서 생긴 가스가 장에서 흡수되고 혈액을 통해 온몸에 운반됩니다. 그 결과 입에서 이상한 냄새가 날 수 있습니다.

혈변의 원인은 장내 종양일 수도 있으므로 망설이지 말고 검사를 받아보세요.

효과적인 영양소와 효능

장 운동에 영향을 주는 요인으로 음식, 장내 세균, 신경, 호르몬 분비 등이 있습니다. 식사의 매력 요소를 위해 육류나 생선은 남겨두고 식이섬유 함유량을 늘려봅시다. 그럼에도 장 운동이 정상으로 돌아보지 않는다면 이상이 생긴 원인을 찾아야 합니다. 또한 유산균을 섭취하도록 하는 등 장내 세균 상태를 안정시키는 것만으로도 상태가 나아질 수 있으니 시도해보면 좋습니다.

설사, 변비, 혈변에 도움을 주는 영양소

장 기능이 원활하도록 장내 세균의 먹이이기도 한 식이섬유를 늘려봅시다. 물론, 구미를 당기게 하기 위한 육류나 생선도 잊지 마세요!

영양소별 추천 재료

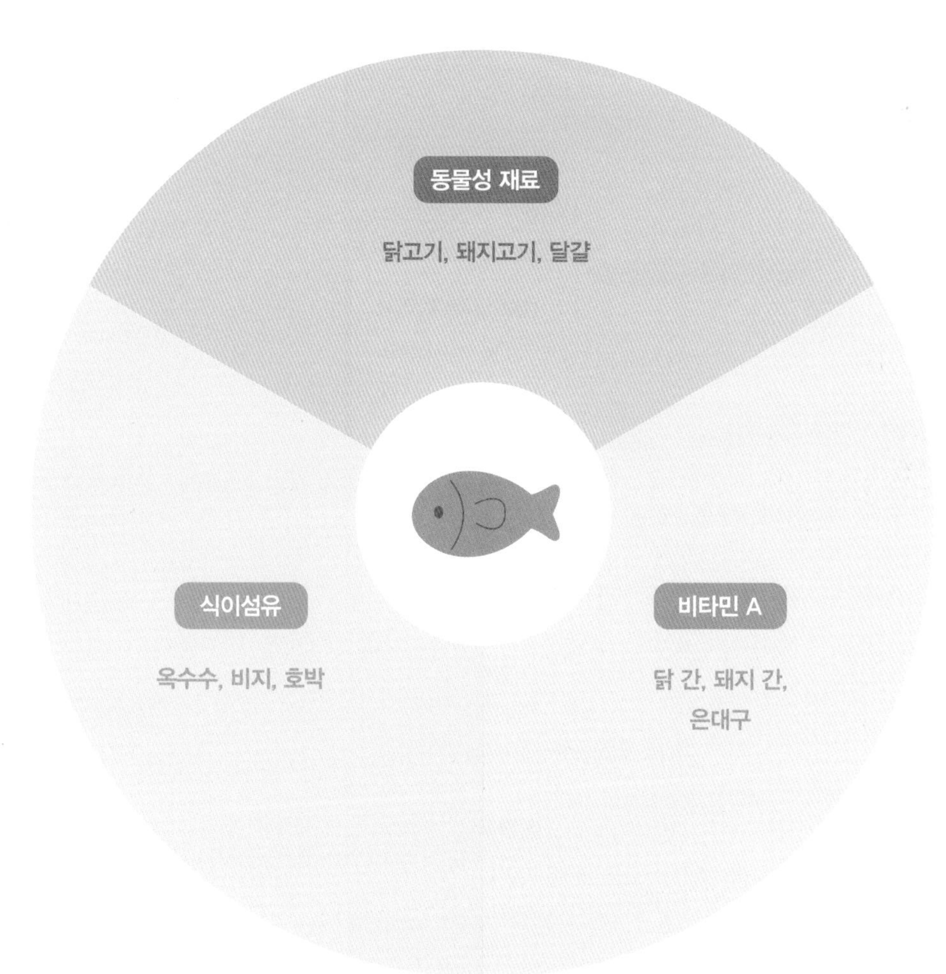

영양 균형을 맞추는 재료 조합

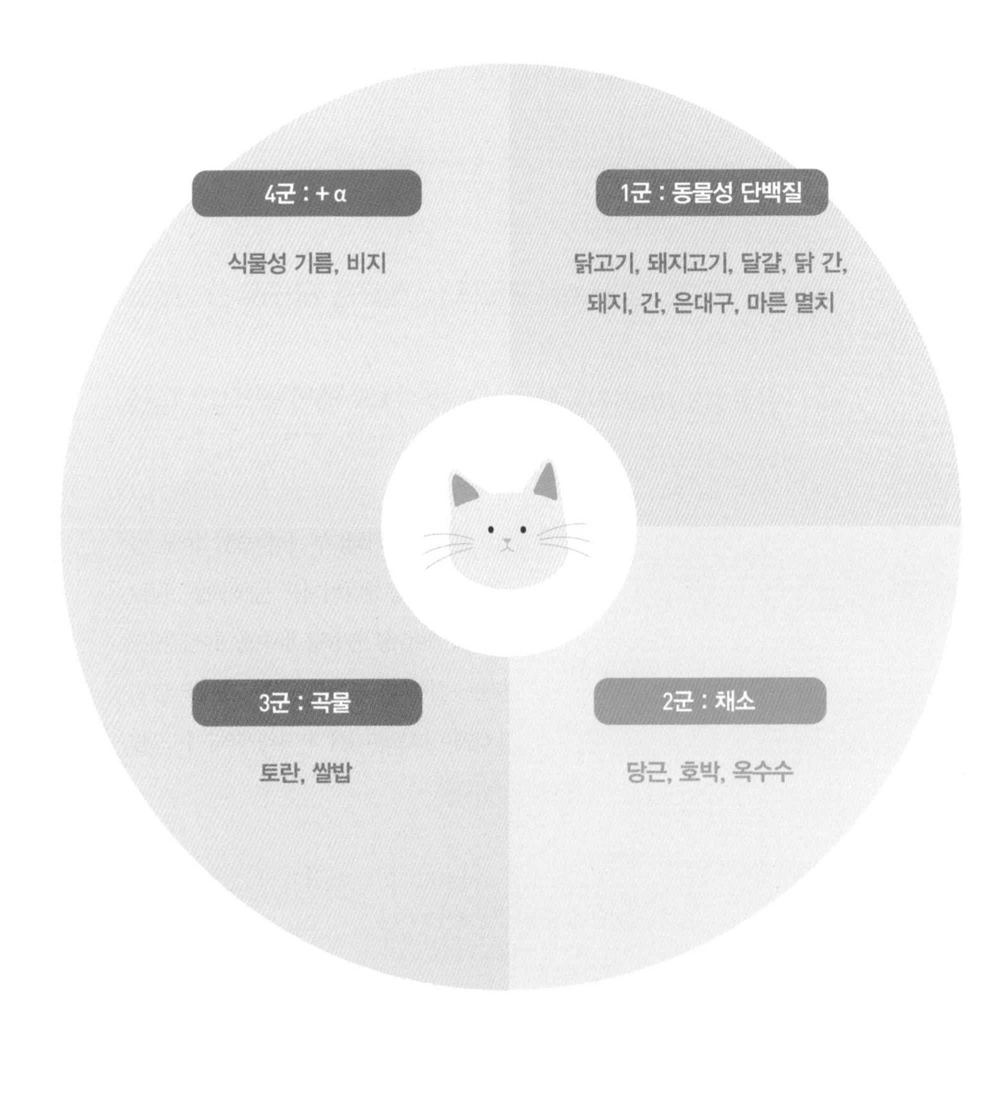

달달한 채소로 배변 활동 개선!

식이섬유가 풍부한 비지 덮밥

재료

닭고기 …… 40g
비지 …… 10g
토란 …… 10g
당근 …… 10g
쌀밥 …… 1큰술
식물성 기름 …… 4작은술
마른 멸치 가루 …… 적당량

—
생식과 화식 중에서 고양이 기호에 맞춰 선택한다.

만드는 방법

생식

❶ 쌀밥을 짓는다.
❷ 토란, 당근을 잘 씻어서 다지고 식물성 기름을 사용해 볶는다.
❸ 닭고기는 한입 크기로 자른다.
❹ ❶ 한 큰술(12g)과 삶은 비지를 그릇에 넣고 ❷, ❸, 마른 멸치 가루를 뿌려서 다 함께 뒤섞는다.

화식

❶ 쌀밥을 짓는다.
❷ 토란, 당근을 잘 씻어서 다진다.
❸ 닭고기는 한입 크기로 자르고 ❷, 식물성 기름과 함께 볶는다.
❹ ❶ 한 큰술(12g)과 삶은 비지를 그릇에 넣고 ❸, 마른 멸치 가루를 뿌린다. 다 함께 뒤섞는다.

요로결석, 신장병 개선을 위한 영양학

증상

고양이에게 많이 생기는 질환입니다. '고양이가 화장실에 여러 번 간다' '소변을 볼 때 자세가 이상하다(통증이 있다)' '화장실에서 나올 때까지 시간이 걸린다' '소변이 나왔는데 양이 적거나 나오지 않는다' '혈뇨가 나온다' '소변에 반짝거리는 것이 섞여 있다' '집안을 이리저리 돌아다니며 평소와 달리 큰 소리로 운다' '음부를 핥는다' '힘이 없다' '식욕이 없다' '심한 경우 하얗고 탁한 점액질이 나온다' 등의 증상을 보일 때는 방광염이나 요로결석을 한번 의심해보아야 합니다.

방광 등의 부위에서 생긴 결석이 요도를 막아 배뇨 활동이 제대로 이루어지지 못할 경우 48~72시간 안으로 요독증에 걸려 생명이 위험할 수 있습니다. 이처럼 노폐물이나 전해질 등을 배설하지 못하는 상태가 지속되면 요독증이 걸립니다. 요독증에 걸리면 심한 구취, 식욕 부진, 무기력함, 잦은 수면, 설사, 구내염 등의 증상이 나타납니다.

또한 다음다뇨, 빈혈, 구토, 피모 질 악화, 잠자는 시간이 길어짐, 휘청거리며 걸음 등 평소와 다른 모습을 보일 때 혈액 검사를 하면 크레아티닌 수치가 높고, 신부전으로 밝혀지기도 합니다.

그러나 신장 기능이 상당히 손상을 입고서야 증상이 나타나므로 병원에서 진단을 받았을 때는 이미 손쓸 수 없는 경우가 대부분입니다. 정기적인 검진을 받는 것이 중요한 이유입니다.

원인

스트루바이트 요로결석일 경우 소변이 마그네슘 이온, 암모니아 이온, 인산 이온으로 과포화(녹지 못한 것이 있음)합니다. 그러므로 수분을 충분히 섭취해 결석을 예방해야 합니다.

스트루바이트 요로결석의 원인은 크게 두 가지가 있습니다. 하나는 감염증이 원인인 요로감염성 스트루바이트 요로결석, 또 하나는 감염과는 관계없이 먹는 음식 등을 원인으로 보는 무균성 스트루바이트 요로결석(소변 pH나 유전 등이 원인으로 간주된다.)입니다.

감염이 원인인 경우에는 요로에 소변 알칼리성으로 바꾸는 성분을 내보내는 균이 있는 것이 문제이며 식사는 관계없습니다. 요로가 우레아제(요소를 이산화탄소와 암모니아로 분해하는 효소)를 방출하는 균(변형균, 클레브시엘라, 황색포도구균 등)에 요로가 감염되면, 암모니아를 방출하기 위해서 소변이 pH 7.5 이상 알칼리성을 띠게 되므로 그 결과 스트루바이트 결석이 생깁니다.

세균 감염이 아닌 경우에는 식사 성분이나 유전적 요인이 원인이 되어 소변이 알칼리성이 되는 것이 문제입니다. 이 때에도 바이러스나 기생충 등의 감염이 함께 있을 수 있습니다. 소변은 동물성 재료를 먹으면 산성뇨, 식물성 재료를 먹으면 알칼리뇨가 나오는 경향이 있으므로 동물성 재료를 중심으로 먹는 것을 추천합니다.

Dr. 스사키의 핵심 조언

알려진 영양 지식을 맹신하진 말자!

마그네슘 섭취량을 줄이자는 정보가 자주 들립니다. 건식 사료로 산화 마그네슘을 기존 상한 기준의 1.5~2배의 양을 더했더니 스트루바이트 결석이 생겼다는 이야기가 있기 때문입니다. 일단 마그네슘은 모든 세포에 포함되어 있으며 어떤 음식 재료에나 함유되어 있습니다. 또한 일반 식생활에서 이 마그네슘양은 식사량의 50퍼센트를 마른 멸치로 했을 때에나 가능한 양입니다. 핵심은 소변을 산성화하면 괜찮다는 것입니다.

동물병원에서 치료하는 일반적인 치료법

치료 방법은 원인에 따라 달라집니다. 감염성 스트루바이트 요로결석일 경우에는 감수성 테스트로 효과적인 항생물질을 선택한 뒤 약물 치료를 합니다. 이 약물의 시험용 기간은 결석이 있을 경우에는 돌이 사라질 때까지입니다. 이유는 결석 속에 균이 포함되어 있어서, 결석이 용해되면 그 속에 붙잡혀 있던 균이 방광 속으로 나오기 때문입니다. 그러므로 장기간 복용하게 됩니다.

무균성의 경우에는 치료식을 먹는 것이 중요합니다. 소변의 pH가 알칼리성으로 변화해서 결석이 생기므로 소변을 산성으로 바꾸는 성질을 함유하는 사료를 먹이면 결석이 용해되기 때문입니다. 예전에는 식사 중의 마그네슘양이 원인이라고 했는데, 현재는 소변 pH 조절이 중요하다고 봅니다.

옥살산칼슘 요로결석의 경우에는 스트루바이트 요로결석의 경우와 반대로 소변의 pH를 알칼리성으로 바꾸는 것이 중요합니다. 옥살산칼슘 결석을 녹이는 물질은 아직까지 없습니다.

신장병의 경우에는 치료식과 활성탄 섭취, 피하 수액, 필요에 따른 약물요법이 치료의 중심이 됩니다. 기본적으로는 완전한 치료가 어려워서, 증상을 가라앉히는 치료가 중심이 됩니다.

Dr. 스사키가 추천하는 홈케어 방법

입안에서 요로까지 감염이 전파되지 않도록 구강 관리에 신경 써야 합니다. 치주병균은 잇몸고랑에서 이뿌리를 거쳐 혈액 림프를 통해 온몸으로 퍼질 가능성이 있습니다. 혈액의 필터 역할을 하는 신장은 치주병균의 영향을 받기도 하고, 그 결과가 결석의 원인이 되기도 합니다. 특히 구취가 신경 쓰인다면 애정을 가지고 구강 관리를 해주세요. 병으로 진단받은 후에 시작하면 늦습니다. 건강할 때부터 올바른 구강 관리 습관을 들입시다.

식사를 통한 개선 방법

요로결석은 어느 유형이든 수분 섭취량을 충분히 늘려주는 것이 기본입니다.(결석이 묽은 소변에 녹기 때문입니다.)

스트루바이트 요로결석의 경우 위험이 높아지는 만큼의 마그네슘양을 수제 음식으로 섭취하기 어려우므로 딱히 걱정할 필요는 없습니다. 소변의 pH를 산성으로 바꾸려면 동물성 재료를 주로 섭취해야 합니다.

신장병에는 저단백질식을 먹으라고 하는 이유는 검사 수치를 조절하기 위한 것으로 대증 요법입니다. 그렇게 먹였을 때 편안해한다면 유지해주는 것도 좋습니다.

효과적인 영양와 효능

신장은 체액을 pH 7.4 전후로 유지하기 위해 체내에서 생긴 대사산물 등을 물로 희석해 배설하는 장기입니다. 그러므로 먹은 식사 내용이나 체내의 활동에 따라 소변이 산성이나 알칼리성으로 치우치는 것이 일반적이고 자연스러운 변화입니다.

소변의 pH를 일정하게 한다는 생각은 병의 증상을 없앤다는 목적으로는 합리적일 수 있지만, 신장 기능의 본질을 생각한다면 부자연스러운 것일 수 있습니다.

뜨거운 물에 소금을 넣어 녹이면 처음에는 잘 녹지만 어떤 양을 넘으면 포화 상태가 되어 녹지 않게 됩니다. 결석증은 이와 똑같은 원리이므로 수분량이 많으면 결석이 잘 생기지 않기 때문에 수분 섭취량을 늘리는 것이 매우 중요합니다.

또한 육류나 생선을 먹으면 동물성 재료에 함유된 메티오닌이나 타우린 등의 함황 아미노산의 대사 과정이 수소 이온을 발생시켜 그 결과 소변이 산성으로 변합니다. 스트루바이트 결석은 산성뇨에 녹으므로 pH 6.1~6.6의 범위에서 조절해주는 것을 추천합니다.

한편 옥살산 칼슘은 물에 녹지 않으므로 몸에 쌓이지 않고 소변에 씻겨 내려가도록 하는 것이 중요합니다.

요로결석, 신장병에 필요한 영양소

동물성 재료 섭취로 소변의 pH를 적정하게 유지하고 수분 섭취량을 늘려서 결석이 생기지 않게 합니다. 비타민A로 점막 보호 효과, 오메가3 지방산으로 항염증 효과를 기대할 수 있어요!

 **영양소별 추천 재료**

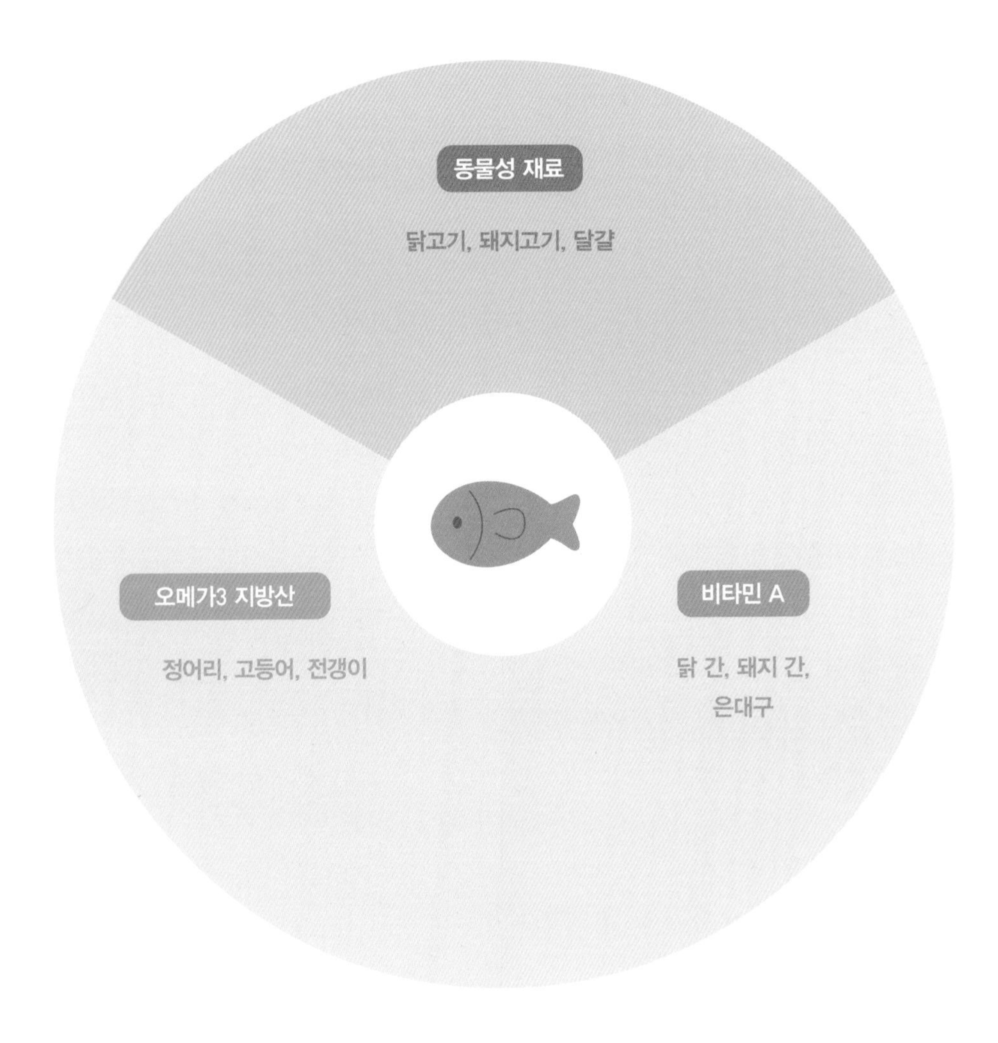

영양 균형을 맞추는 재료 조합

4군 : + α

식물성 기름

1군 : 동물성 단백질

닭고기, 돼지고기, 닭 간, 돼지 간, 달걀, 은대구, 정어리, 고등어, 전갱이, 마른 멸치

3군 : 곡물

감자, 쌀밥

2군 : 채소

양상추, 양배추, 오이, 무, 토마토

결석이 낫는 정어리 덮밥

재료

정어리 …… 40g

감자 …… 10g

양상추 …… 10g

쌀밥 …… 1큰술

식물성 기름 …… 4작은술

마른 멸치 가루 …… 적당량

—

생식과 화식 중에서 고양이 기호에 맞춰 선택한다.

만드는 방법

생식

❶ 쌀밥을 짓는다.

❷ 감자, 양상추를 잘 씻어서 다지고 식물성 기름을 사용해 볶는다.

❸ 정어리는 한입 크기로 자른다.

❹ ❶ 한 큰술(12g)을 그릇에 넣고 ❷, ❸, 마른 멸치 가루를 뿌려서 다 함께 뒤섞는다.

화식

❶ 쌀밥을 짓는다.

❷ 감자, 양상추를 잘 씻어서 다진다.

❸ 정어리는 한입 크기로 자르고 ❷, 식물성 기름과 함께 볶는다.

❹ ❶ 한 큰술(12g)을 그릇에 넣고 ❸, 마른 멸치 가루를 뿌린다. 다 함께 뒤섞는다.

염증을 가라앉히는 연어 덮밥

재료

연어 …… 40g
오이 …… 10g
양배추 …… 10g
쌀밥 …… 1큰술
식물성 기름 …… 4작은술
마른 멸치 가루 …… 적당량

만드는 방법

❶ 쌀밥을 짓는다.
❷ 오이, 양배추를 잘 씻어서 다진다.
❸ 연어는 한입 크기로 자르고 ❷, 식물성 기름과 함께 볶는다.
❹ ❶ 한 큰술(12g)을 그릇에 넣고 ❸, 마른 멸치 가루를 뿌린다. 다 함께 뒤섞는다.

오메가3 지방산으로
항염증 효과를 기대!

수분이 가득한 토마토 닭고기 덮밥

재료

닭고기 …… 40g
토마토 …… 10g
오이 …… 5g
무 …… 10g
쌀밥 …… 1큰술
식물성 기름 …… 4작은술
마른 멸치 가루 …… 적당량

—
생식과 화식 중에서 고양이 기호에 맞춰 선택한다.

만드는 방법

생식

❶ 쌀밥을 짓는다.
❷ 토마토, 오이, 무를 잘 씻어서 다지고 식물성 기름을 사용해 볶는다.
❸ 닭고기는 한입 크기로 자른다.
❹ ❶ 한 큰술(12g)을 그릇에 넣고 ❷, ❸, 마른 멸치 가루를 뿌려서 다 함께 뒤섞는다.

화식

❶ 쌀밥을 짓는다.
❷ 토마토, 오이, 무를 잘 씻어서 다진다.
❸ 닭고기는 한입 크기로 자르고 ❷, 식물성 기름과 함께 볶는다.
❹ ❶ 한 큰술(12g)을 그릇에 넣고 ❸, 마른 멸치 가루를 뿌린다. 다 함께 뒤섞는다.

피부병, 진균증 개선을 위한 영양학

증상

피부 가려움증, 발진, 붉은 반점, 부종, 탈모, 비듬 등이 있으면 피부병을 의심할 수 있습니다. 외부로부터 몸을 지키기 위한 피부의 방호벽 기능이 저하되면, 그 주변에 일반적으로 있던 곰팡이 등이 피부에 증식하여 원형탈모가 나타나고 주위에 비듬이나 부스럼이 생기는 진균증에 걸릴 수 있습니다. 곰팡이와 피부가 서로 반응해서 독특한 냄새가 나는 것도 특징입니다.

원인

피부 방호벽 기능이 저하되면 그 부위 외에는 아무런 문제가 없으나, 백혈구가 세균이나 곰팡이와 싸우기 때문에 염증이 생기고 각종 증상이 나타납니다. 피부가 어떤 균, 곰팡이의 영향을 받아 염증을 일으켰는지를 아는 것도 중요하지만, 왜 그 부위의 피부 방호벽 기능이 저하됐는지를 아는 것 또한 중요합니다.

동물병원에서의 일반적인 치료 방법

피부병의 경우에는 백혈구의 염증 반응을 막는 것이 중요해서 항염증 목적으로 스테로이드 약물이나 항히스타민 약물을 사용하며 이차 감염에 대한 대응으로 항생물질을 사용합니다. 진균증의 경우 비듬에 곰팡이가 있을 수 있어 같이 사는 사람이나 반려견 등에게도 영향을 미칠 수 있습니다. 증상이 나타난 부위의 털은 즉시 깎아내고 항진균약을 바릅니다.

Dr. 스사키가 추천하는 홈케어 방법

피부가 계속 가려우면 그 부위를 핥으므로 피부 방호벽 기능이 저하되어 또다시 곰팡이와 세균의 영향을 받게 됩니다. 가려움증에도 적절히 대처하면서 피부 방호벽 기능을 보호하는 것이 중요합니다. 피부가 건조한 경우에는 가습 목적의 크림 등을 바른 뒤 보습제를 바릅니다. 피부에 액체가 스며 나올 경우에는 부담을 주지 않는 범위에서 자극이 적은 샴푸 등으로 세정한 뒤 보호 크림을 바릅니다. 가려움증의 원인이 피부 외에 있다면 그에 맞는 적절한 대처를 해줍니다.

식사를 통한 개선 방법

심한 알레르기 증상인 아낙필락시스 쇼크를 일으켰을 때는 원인이 되는 음식 재료를 제거하면 됩니다. 하지만 알레르겐 테스트에서 양성인 음식 재료를 제거했는데도 아무런 변화가 없는 사례가 꽤 많습니다. 생선에 함유된 오메가3 지방산이 가려움증에 효과가 있을 수도 있으므로 시도해볼 가치는 있습니다. 장의 영향으로 피부에 가려움이 나타날 경우에는 무리해서 음식을 먹이지 말고 소화기를 쉬게 하는 방법으로 해결할 수도 있습니다.

효과적인 영양소와 효능

먼저 항염증 효과를 기대할 수 있는 오메가3 지방산이 풍부한, 기름 오른 생선을 추천합니다. 또 장내 세균의 먹이인 식이섬유를 공급해주기 위해 당근, 브로콜리, 호박 등 고양이가 선호하는 달달한 채소 종류도 추천합니다. 또한 장내 환경 개선에 좋은 유산균 섭취를 위해 요거트나 치즈도 좋습니다. 단, 식사와 함께 먹이면 위산과 접촉하는 시간이 길어지므로 최소 식사 30분 이전에 먹이는 것을 추천합니다.

피부병, 진균증에 필요한 영양소

항염증 작용을 기대할 수 있는 오메가3 지방산과 장내 세균의 먹이가 되는 식이섬유로 몸속부터 튼튼하게 하고 피부를 보호합시다!

 영양소별 추천 재료

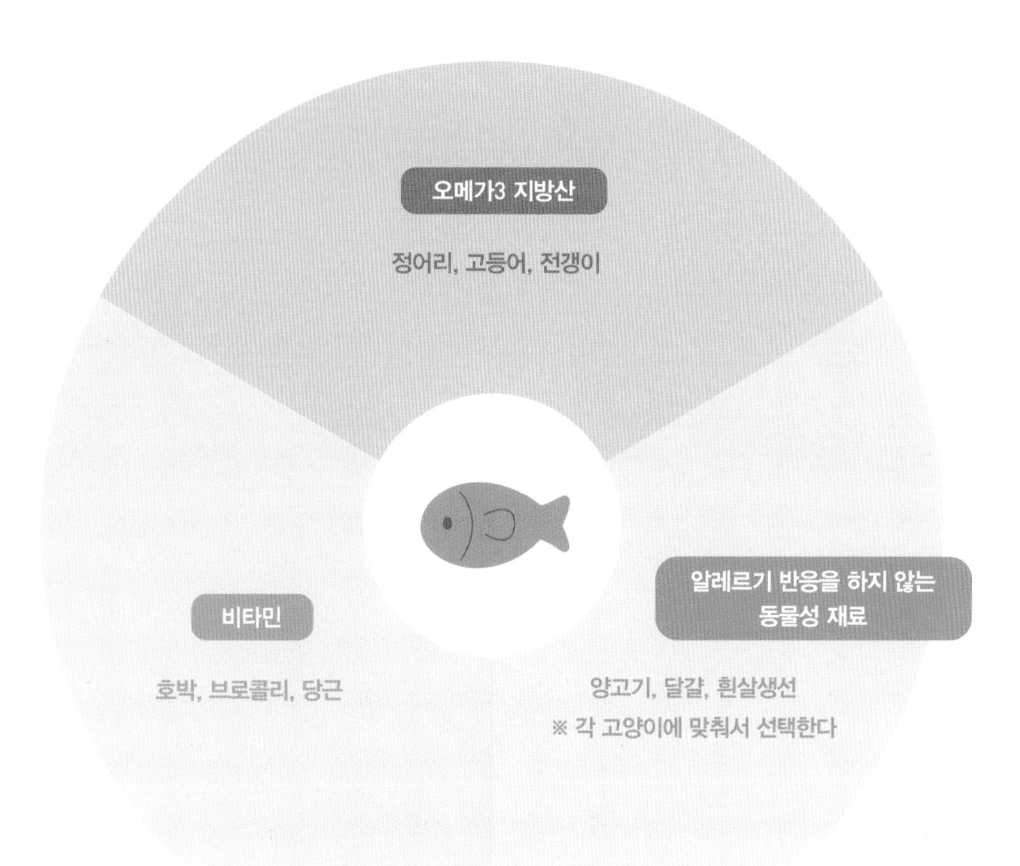

영양 균형을 맞추는 재료 조합

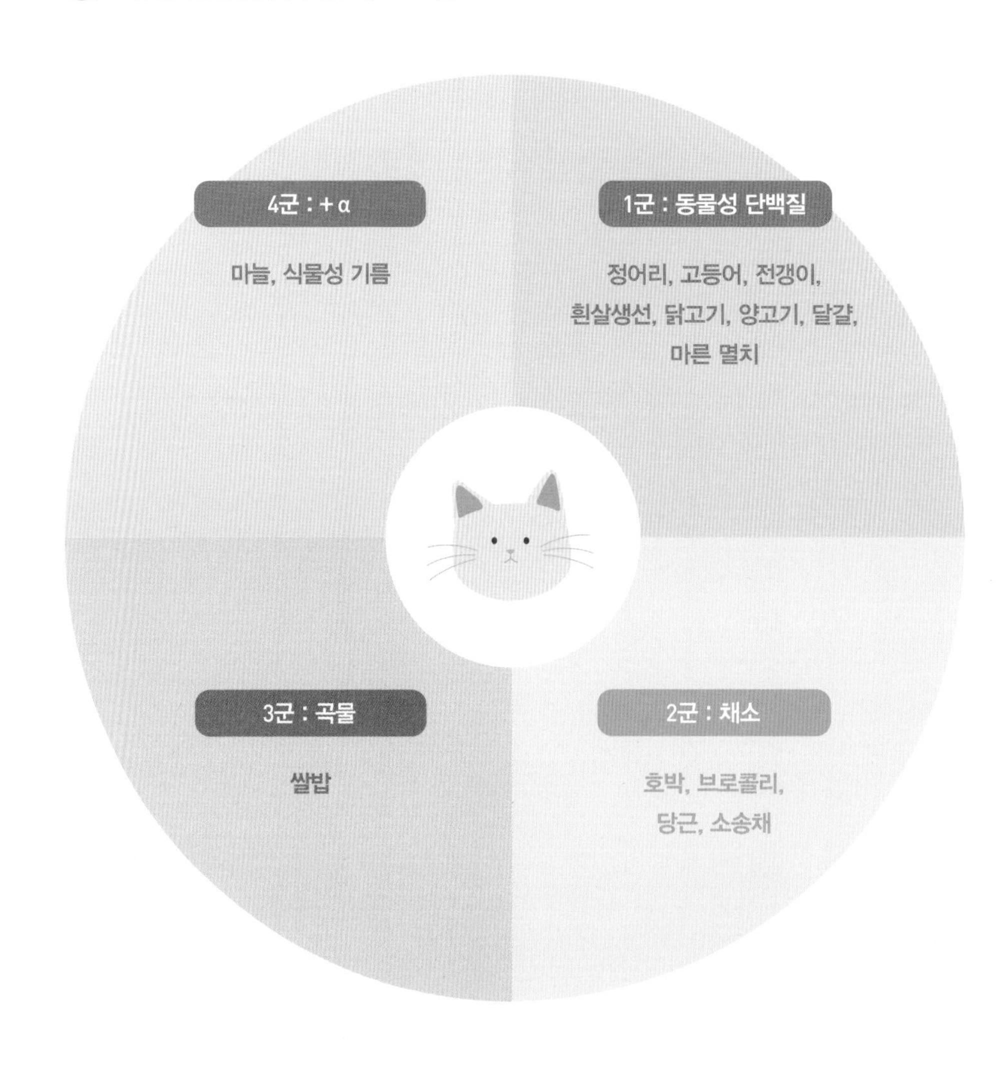

닭고기로 풍미를 더해
식이섬유를 보충!

장이 튼튼해지는 닭고기 덮밥

재료

닭고기 …… 40g

당근 …… 10g

소송채 …… 10g

쌀밥 …… 1큰술

식물성 기름 …… 4작은술

마른 멸치 가루 …… 적당량

—

생식과 화식 중에서 고양이 기호에 맞춰 선택한다.

만드는 방법

생식

❶ 쌀밥을 짓는다.

❷ 당근, 소송채를 잘 씻어서 다지고 식물성 기름을 사용해 볶는다.

❸ 닭고기는 한입 크기로 자른다.

❹ ❶ 한 큰술(12g)을 그릇에 넣고 ❷, ❸, 마른 멸치 가루를 뿌려서 다 함께 뒤섞는다.

화식

❶ 쌀밥을 짓는다.

❷ 당근, 소송채를 잘 씻어서 다진다.

❸ 닭고기는 한입 크기로 자르고 ❷, 식물성 기름과 함께 볶는다.

❹ ❶ 한 큰술(12g)을 그릇에 넣고 ❸, 마른 멸치 가루를 뿌린다. 다 함께 뒤섞는다.

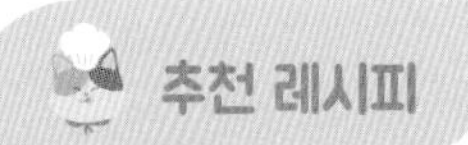

가려움증을 줄이는 흰살생선 덮밥

흰살생선의 오메가3 지방산으로 피부 가려움증과 붉은 반점 개선!

재료

흰살생선 …… 40g

마늘 …… 1쪽

양배추 …… 10g

쌀밥 …… 1큰술

식물성 기름 …… 4작은술

마른 멸치 가루 …… 적당량

—

생식과 화식 중에서 고양이 기호에 맞춰 선택한다. 생식은 도미를, 화식은 대구를 사용한다.

만드는 방법

생식

❶ 쌀밥을 짓는다.

❷ 마늘, 양배추를 잘 씻어서 다지고 식물성 기름을 사용해 볶는다.

❸ 도미는 한입 크기로 자른다.

❹ ❶ 한 큰술(12g)을 그릇에 넣고 ❷, ❸, 마른 멸치 가루를 뿌려서 다 함께 뒤섞는다.

화식

❶ 쌀밥을 짓는다.

❷ 마늘, 양배추를 잘 씻어서 다진다.

❸ 대구를 한입 크기로 자르고 ❷, 식물성 기름과 함께 볶는다.

❹ ❶ 한 큰술(12g)을 그릇에 넣고 ❸, 마른 멸치 가루를 뿌린다. 다 함께 뒤섞는다.

건강한 피부를 위한 양고기 덮밥

재료

양고기 …… 40g

당근 …… 10g

호박 …… 10g

쌀밥 …… 1큰술

식물성 기름 …… 4작은술

마른 멸치 가루 …… 적당량

만드는 방법

❶ 쌀밥을 짓는다.

❷ 당근, 호박을 잘 씻어서 다진다.

❸ 양고기를 한입 크기로 자르고 ❷, 식물성 기름과 함께 볶는다.

❹ ❶ 한 큰술(12g)을 그릇에 넣고 ❸, 마른 멸치 가루를 뿌려서 다 함께 뒤섞는다.

양고기와 식이섬유로
피부를 건강하게!

당뇨병 개선을 위한 영양학

증상

당뇨병은 초기에는 증상이 거의 없어 반려인이 주의를 기울여도 알아차리기 힘듭니다. 병세가 진행된 후 비로소 알아채는 경우가 많습니다.

특징적인 증상으로는 다음다뇨(혈당치를 낮추기 위해 물을 대량으로 마신다.), 과식하는데도 자꾸 살이 빠지는 경우 등이 있습니다. 그 밖에도 식욕 부진, 무기력, 구토 등의 증상이 있습니다.

원인

고양이는 흥분하면 혈당치가 높아지는 경우가 있으므로 채혈 시에 흥분하면 정확하게 진단할 수 없습니다. 반대로 그런 상태에서 측정한 결과 당뇨병이라고 진단받는 경우도 있습니다.

비만 고양이나 고령 고양이는 당뇨병에 걸릴 위험이 높습니다. 또 중성화한 수컷 고양이나 샴, 버미즈 종 고양이가 당뇨병에 잘 걸린다는 설도 있습니다.

동물병원에서의 일반적인 치료 방법

입으로 넣는 혈당 강하제만으로 조정할 수 있는 경우도 있지만 인슐린 투여가 기본입니다. 인슐린을 투여할 때 염려되는 것은 지나친 투여에 따른 저혈당증(혈당이 너무 떨어짐)에 걸리는 것입니다. 투여량, 투여 횟수, 타이밍은 전담 수의사와 충분히 상담한 후 정확히 실시하기 바랍니다. 그 밖에 치료식과 운동요법이 있습니다.

Dr. 스사키가 추천하는 홈케어 방법

인슐린 주사를 맞는 것이 가엽다는 이유로 다른 조절 방법을 찾는 반려인이 있습니다. 그러나 적절한 조치를 취하지 않으면 고양이의 목숨이 위태로울 수 있으니 반드시 혈당치 조절은 수의사와 상담한 대로 실시하기 바랍니다. 정말 중요한 것에 우선순위를 두어야 합니다.

과거에는 '저지방, 고섬유질식'이었으나, 현재는 '저탄수화물, 고단백질식'이 주류 의견입니다. 지방량을 줄여 체지방을 줄이고 식이섬유 함유량을 늘려서 장에서의 글루코오스 흡수 속도를 늦추는 것이 '저지방 고섬유질식'의 목적입니다. 그러나 다양한 혈당치 조절 연구가 이루어진 결과, 곡물 섭취량을 전체의 10~20퍼센트 정도로 제한하는 편이 식이섬유량을 늘렸을 때보다 효과적이라는 것이 밝혀졌습니다. 저탄수화물식을 실천하면 간에서 이루어지는 당신생(당원성 아미노산 등에서 글루코오스를 합성한다.)으로 혈당치를 유지할 수 있어 간에도 부담을 주지 않습니다.

이 당신생 기능을 활용하려면 당질을 줄인 만큼 단백질을 늘려야 합니다. 신장 기능이 저하됐을 때 고단백질식 때문에 신장 기능이 더 악화되지는 않습니다. 하지만 혈중 요소 질소량(BUN 수치)이 증가하기 때문에 이 현상이 식사 때문인지 신장 기능 저하 때문인지 알아보기 위해서라도, 고단백질식은 반드시 수의사와 상담하면서 실천해주세요.

식사도 중요하지만 운동하는 것도 매우 중요합니다. 중증이라 움직이기 힘들어하면 어쩔 수 없지만 제대로 노는 시간을 따로 비워두고 제대로 운동시켜주세요.

혈당치 조절에 추천하는 허브는 짐네마(gymnema. 당살초), 고려인삼, 단델리온(서양 민들레) 잎과 뿌리, 빌베리, 마시멜로, 마리골드, 유카 등입니다.

당뇨병에 필요한 영양소

식사는 '저지방, 고섬유질식'이나 '저탄수화물, 고단백질식'이 기본입니다. 수의사의 지도에 따라 혈당치를 조절한 다음에 수제 음식을 먹이세요.

 영양소별 추천 재료

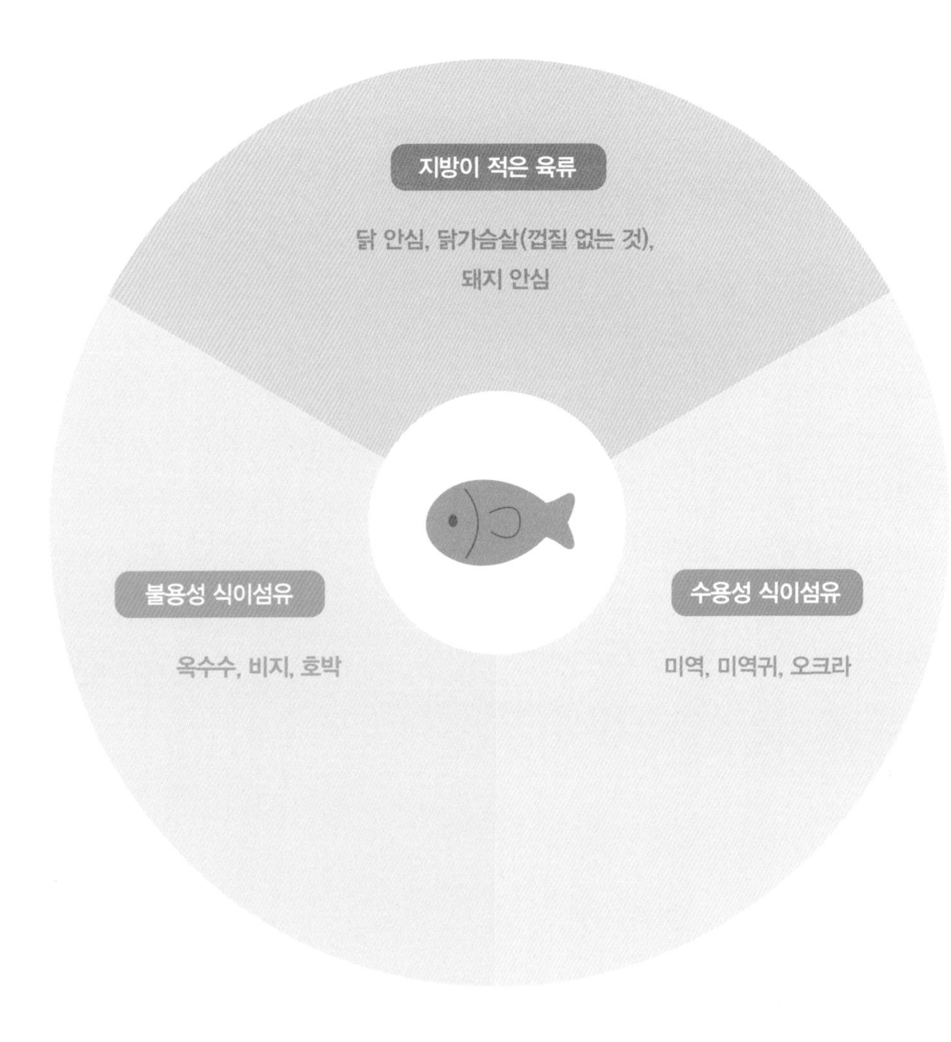

영양 균형을 맞추는 재료 조합

1군 : 동물성 단백질

소고기, 닭가슴살(껍질 없는 것), 닭 안심, 돼지 안심, 참치 통조림, 마른 멸치

2군 : 채소

양배추, 호박, 옥수수, 브로콜리, 버섯류, 오크라, 미역, 미역귀

3군 : 곡물

고구마

4군 : + α

두부, 식물성 기름

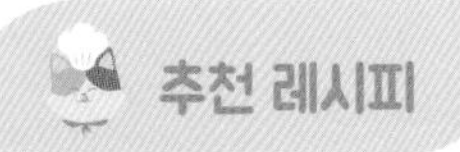

식이섬유 듬뿍 소고기 덮밥

저지방, 고섬유질식으로
혈당치 조절을 편하게!

재료

소고기 …… 30g

비지 …… 10g

양배추 …… 10g

호박 …… 10g

식물성 기름 …… 4작은술

마른 멸치 가루 …… 적당량

—

생식과 화식 중에서 고양이 기호에 맞춰 선택한다.

만드는 방법

생식

❶ 쌀밥을 짓는다.

❷ 양배추, 호박을 잘 씻어서 다지고 식물성 기름을 사용해 볶는다.

❸ 소고기는 한입 크기로 자른다.

❹ ❶ 한 큰술(12g)과 삶은 비지를 그릇에 넣고 ❷, ❸, 마른 멸치 가루를 뿌려서 다 함께 뒤섞는다.

화식

❶ 쌀밥을 짓는다.

❷ 양배추, 호박을 잘 씻어서 다진다.

❸ 소고기는 한입 크기로 자르고 ❷, 식물성 기름과 함께 볶는다.

❹ ❶ 한 큰술(12g)과 삶은 비지를 그릇에 넣고 ❸, 마른 멸치 가루를 뿌린다. 다 함께 뒤섞는다.

저탄수화물 혈당 조절에 좋은 참치 덮밥

재료

참치 통조림 …… 30g
삶은 달걀 …… 1/2개(25g)
브로콜리 …… 10g
고구마 …… 20g
식물성 기름 …… 4작은술
마른 멸치 가루 …… 적당량

만드는 방법

❶ 쌀밥을 짓는다.
❷ 브로콜리, 고구마를 잘 씻어서 다진다.
❸ 참치 통조림을 한입 크기로 자르고 ❷, 식물성 기름과 함께 볶는다.
❹ ❶ 한 큰술(12g)과 삶은 달걀을 그릇에 넣고 ❸, 마른 멸치 가루를 뿌려서 다 함께 뒤섞는다.

저탄수화물, 고단백질식으로
혈당치 조절을 편하게!

저지방 혈당 조절에 좋은 두부 덮밥

재료

닭고기 …… 40g

두부 …… 10g

양송이 …… 10g

호박 …… 10g

식물성 기름 …… 4작은술

마른 멸치 가루 …… 적당량

—

생식과 화식 중에서 고양이 기호에 맞춰 선택한다.

만드는 방법

생식

❶ 쌀밥을 짓는다.

❷ 양송이, 호박을 잘 씻어서 다지고 식물성 기름을 사용해 볶는다.

❸ 닭고기는 한입 크기로 자른다.

❹ ❶ 한 큰술(12g)과 삶은 두부를 그릇에 넣고 ❷, ❸, 마른 멸치 가루를 뿌려서 다 함께 뒤섞는다.

화식

❶ 쌀밥을 짓는다.

❷ 양송이, 호박을 잘 씻어서 다진다.

❸ 닭고기는 한입 크기로 자르고 ❷, 식물성 기름과 함께 볶는다.

❹ ❶ 한 큰술(12g)과 삶은 두부를 그릇에 넣고 ❸, 마른 멸치 가루를 뿌린다. 다 함께 뒤섞는다.

암 개선을 위한 영양학

증상

집사가 고양이를 어루만지다가 몸에 부풀어 있는 곳이나 응어리를 발견하기도 합니다. 종양의 종류에는 몸의 다른 부위로 전이되지 않는 양성이 있고, 증식을 반복해 다른 장기에 전이되어 죽음에 이를 가능성이 높은 악성 종양, 이른바 암이 있습니다. 종양에 특정한 증상은 없으며 힘이 없고 몸무게가 감소하는 등 몸 상태가 나빠집니다.

원인

사람 몸은 건강하더라도 30초에 1개씩 종양 세포가 생긴다고 합니다. 하루로 치면 약 3천 개의 종양 세포가 생기는 것입니다. 정상적으로 기능하는 백혈구가 이를 공격해서 소멸시킵니다.

그러나 화학물질이나 중금속, 감염 등의 원인으로 새로 생기는 양이 급속히 늘어나 백혈구 처리 능력의 한계를 넘으면 종양, 암이 됩니다.

동물병원에서의 일반적인 치료 방법

일반적인 치료법은 몸에 생긴 종양을 제거하는 수술, 종양 세포를 죽이는 화학요법, 방사선 치료법이 있습니다.

수술할 경우에는 수술 후 항암제 등 화학요법을 실시해서 재발을 방지합니다. 현재는 백혈구를 빼내서 배양해 다시 넣는 면역요법 등도 있습니다. 그때그때의 최신 정보는 검증되었는지 확인하세요.

Dr. 스사키가 추천하는 홈케어 방법

모든 일에 반드시 원인이 있다고 한다면, 암에도 원인이 있을 것입니다. 종양 세포는 건강한 사람이라도 30초에 1개, 즉 매일 3,000개 가까이 발생하지만 백혈구가 공격해서 확실히 뿌리째 뽑아 없앱니다. 이렇듯 종양 세포는 날마다 생겼다 사라지는 것이기 때문에 평소에는 발생이나 소멸이 특별한 일은 아닙니다.

암이라고 하면 즉시 '면역력 저하'를 생각하는 사람이 많은데요. 백혈구의 전투력이 정상이라도 생기는 속도가 빠를 수 있기 때문에 면역력을 높이기보다 암세포가 계속 생기는 원인을 찾아 없애는 것이 중요합니다. 엉뚱하게 면역력을 높이는 보조제를 먹이려는 분이 많아서 안타까운 마음이 들 때가 종종 있습니다.

체내에 비정상으로 늘어난 것을 제거하기 위해서는 무엇이 원인인지 찾아야 합니다. 원인을 찾으면 제거할 방법이 정해지지만 원인을 모르면 대증요법밖에 없습니다. 원인을 제거할 방법이 정해졌다고 해도 누워 있기만 하면 근육 수축 운동과 림프의 흐름이 원활히 이루어지지 못해 혈액이 유효 성분을 환부에 충분히 보내지 못하거나 노폐물을 잘 배출하지 못하게 될 수도 있습니다.

항산화물질을 섭취하면 때 증상이 가라앉을 수도 있습니다. 백혈구가 암의 원인과 싸우며 방출한 활성산소를 항산화물질이 무력화하기 때문입니다. 그러나, 병의 원인은 그대로이기 때문에 항산화물질 섭취를 중단하면 재발할 수 있습니다.

베타글루칸은 다당류이므로 소화관에서 그대로 흡수되지 않으며(단당까지 분해) 환부까지 미치는 것도 아니라서 베타글루칸 보조제를 섭취하는 것이 좋은지는 의문의 여지가 있습니다. 버섯이나 해조류를 잘게 다져 끓는 물에 우려낸 육수를 섭취시키는 것은 좋다고 생각합니다.

마지막으로, 생활환경의 균을 제거하세요. 재발을 막는 데 도움이 됩니다.

암 치료에 필요한 영양소

혈액순환을 활발하게 만들어 장내 세균을 조절해줍시다. 장내 세균이 식사로는 다 보충할 수 없는 비타민을 만들어줄 거예요!

영양소별 추천 재료

영양 균형을 맞추는 재료 조합

마늘 기운 가득 연어 덮밥

재료

연어 …… 40g
삶은 달걀 …… 1/2개(25g)
당근 …… 10g
마늘 …… 1쪽
쌀밥 …… 1큰술
식물성 기름 …… 4작은술
마른 멸치 가루 …… 적당량

만드는 방법

❶ 쌀밥을 짓는다.
❷ 당근, 마늘을 잘 씻어서 다진다.
❸ 연어는 한입 크기로 자르고 ❷, 식물성 기름과 함께 볶는다.
❹ ❶ 한 큰술(12g)과 삶은 달걀을 그릇에 넣고 ❷, ❸, 마른 멸치 가루를 뿌려서 다 함께 뒤섞는다.

연어의 아스타크산틴과
마늘의 힘으로 건강하게!

염증을 없애는 정어리 덮밥

재료

정어리 …… 40g

무 …… 10g

브로콜리 …… 10g

쌀밥 …… 1큰술

식물성 기름 …… 4작은술

마른 멸치 가루 …… 적당량

—

생식과 화식 중에서 고양이 기호에 맞춰 선택한다.

만드는 방법

생식

❶ 쌀밥을 짓는다.

❷ 무, 브로콜리를 잘 씻어서 다지고 식물성 기름을 사용해 볶는다.

❸ 정어리는 한입 크기로 자른다.

❹ ❶ 한 큰술(12g)을 그릇에 넣고 ❷, ❸, 마른 멸치 가루를 뿌려서 다 함께 뒤섞는다.

화식

❶ 쌀밥을 짓는다.

❷ 무와 브로콜리를 잘 씻어서 다진다.

❸ 정어리를 한입 크기로 자르고 ❷, 식물성 기름과 함께 볶는다.

❹ ❶ 한 큰술(12g)을 그릇에 넣고 ❸, 마른 멸치 가루를 뿌린다. 다 함께 뒤섞는다.

장이 튼튼해지는 닭고기 덮밥

장내 세균의 먹이, 식이섬유로
장내 면역력 강화!

재료

닭고기 …… 100g
호박 …… 10g
양배추 …… 10g
쌀밥 …… 1큰술
식물성 기름 …… 4작은술
마른 멸치 가루 …… 적당량

—
생식과 화식 중에서 고양이 기호에 맞춰 선택한다.

만드는 방법

생식

❶ 쌀밥을 짓는다.
❷ 호박, 양배추를 잘 씻어서 다지고 식물성 기름을 사용해 볶는다.
❸ 닭고기는 한입 크기로 자른다.
❹ ❶ 한 큰술(12g)을 그릇에 넣고 ❷, ❸, 마른 멸치 가루를 뿌려서 다 함께 뒤섞는다.

화식

❶ 쌀밥을 짓는다.
❷ 호박, 양배추를 잘 씻어서 다진다.
❸ 닭고기는 한입 크기로 자르고 ❷, 식물성 기름과 함께 볶는다.
❹ ❶ 한 큰술(12g)을 그릇에 넣고 ❸, 마른 멸치 가루를 뿌린다. 다 함께 뒤섞는다.

간 질환 개선을 위한 영양학

증상

간 질환은 상태가 나쁘더라도 증상이 나타나지 않는 경우가 대부분이라 늦게 알아차리는 경우가 많습니다. 황달, 복수, 출혈, 구취 변화가 나타나야 비로소 발견하게 됩니다. 증상의 예를 한번 들어보더라도 설사, 구토, 변비, 무기력함 등 언제나 나타날 수 있는 것들입니다. 오랜만에 혈액검사를 했더니 간 수치가 일제히 올라간 것을 보고 발견하기도 합니다.

원인

화학물질 과다 섭취, 약물 과다 복용, 바이러스나 세균, 기생충 감염증 등이 원인입니다. 식후에 남은 에너지는 간에서 지방으로 변환되어 지방조직으로 보내집니다. 그런데 이것을 할 수 없게 되면 몸에서 남는 지방이 간으로 축적됩니다. 또한 다른 장기 상태의 악화가 간에 영향을 주기도 합니다.

동물병원에서의 일반적인 치료 방법

간은 증상이 잘 나타나지 않는 장기이므로 간 질환이라고 진단받은 시점에서는 이미 병이 꽤 진행된 경우가 많습니다. 기본적으로는 약물요법으로 증상을 억제하고 악화시키지 않는 것을 목적으로 합니다. 상황에 따라 수술 등의 처치가 필요할 수도 있습니다. 조기 발견은 어렵기 때문에 정기적인 건강 진단이 매우 중요합니다.

Dr. 스사키가 추천하는 홈케어 방법

간에 크지 않은 문제가 생겼을 때는 간을 쉬게 하는 것이 가장 중요합니다. 구체적으로 말하자면, 지나치게 먹이지 않는 것이지요. 이렇게 말하면 아무것도 먹이면 안 된다고 받아들이는 경우가 많습니다. 그런 것은 아니니 적당한 양을 먹을 수 있도록 해주세요.

간 이외의 문제 때문에 간 수치가 높은 것이라면 간기능강화 허브나 건강보조식품은 도움이 되지 않습니다. 이럴 때는 같은 방식으로만 대처하려 하지 말고 근본적인 원인을 생각해봐야 합니다.

식사를 통한 개선 방법

간은 몸의 장기 중에서 가장 재생 능력이 강한 장기이므로 재생에 필요한 단백질을 중심으로 한 식이요법이 중요합니다.

무슨 영양소를 보급하느냐보다 간을 쉬게 하는 편이 더 좋습니다.

동양의학에는 간 기능을 정상화하려면 똑같이 간을 먹는 '동물동치(同物同治)' 사상이 있습니다. 간만 먹으면 소화기(비장)등에 부담이 갈 수도 있으니 당근, 닭고기, 비지 등도 추가해주세요.

효과적인 영양소와 효능

간세포의 재생에는 단백질, 비타민, 미네랄이 필요하므로 동물성 재료, 해조류 등을 먹이는 것이 중요합니다. 영양소로는 비타민C, 비타민E, 비타민B군, 아연, 타우린 등을 챙겨줘야 합니다.

동양의학에서는 산성 재료인 돼지고기를 추천합니다. 하지만 수제 음식에서 돼지고기 비율이 너무 높지 않도록 당근, 달걀, 비지, 수박, 멜론 등을 더하고 중증일 경우에는 간의 양을 늘립니다. 간이 너무 많은 듯하면 토란이나 무를 추가해보세요.

간 질환에 필요한 영양소

간을 쉬게 하기 위해서 식사량을 줄여 간의 재생을 도웁시다. 양질의 단백질을 섭취할 수 있도록 신경 쓰기 바랍니다.

영양소별 추천 재료

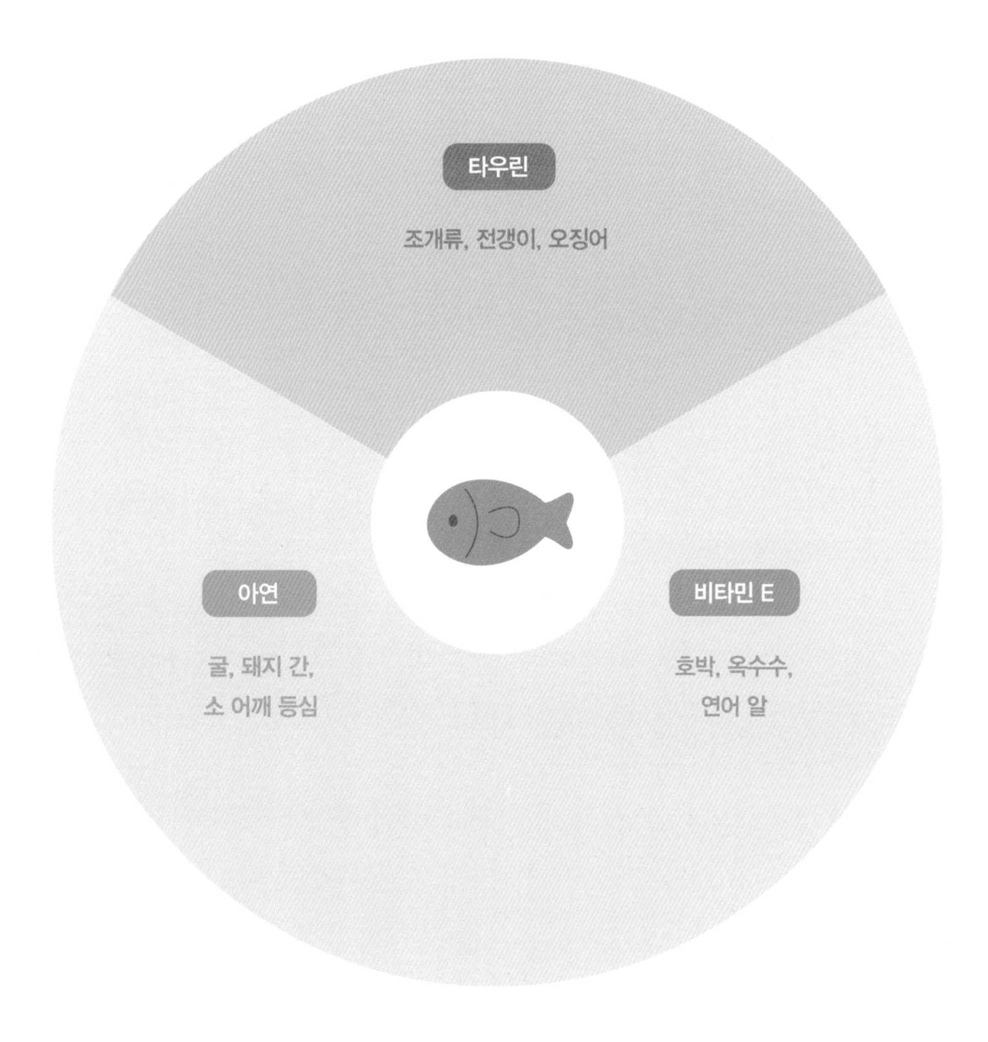

영양 균형을 맞추는 재료 조합

1군 : 동물성 단백질

닭고기, 돼지고기, 소 어깨 등심, 돼지 간, 달걀, 치즈, 전갱이, 굴, 조개류, 오징어, 연어 알, 마른 멸치

2군 : 채소

호박, 옥수수, 버섯류, 아스파라거스, 당근, 무, 양배추

3군 : 곡물

쌀밥

4군 : + α

식물성 기름

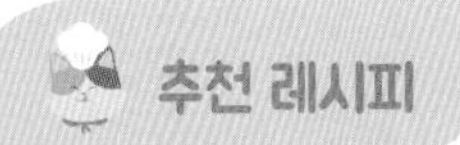

단백질이 풍부한 닭고기 덮밥

양질의 단백질로
간 재생을 보조!

재료

닭고기 …… 30g
삶은 달걀 …… 1/2개(25g)
만가닥버섯 …… 10g
아스파라거스 …… 10g
쌀밥 …… 1큰술
식물성 기름 …… 4작은술
마른 멸치 가루 …… 적당량

—

생식과 화식 중에서 고양이 기호에 맞춰 선택한다.

만드는 방법

생식

❶ 쌀밥을 짓는다.
❷ 만가닥버섯, 아스파라거스를 잘 씻어서 다지고 식물성 기름을 사용해 볶는다.
❸ 닭고기는 한입 크기로 자른다.
❹ ❶ 한 큰술(12g)과 삶은 달걀을 그릇에 넣고 ❷, ❸, 마른 멸치 가루를 뿌려서 다 함께 뒤섞는다.

화식

❶ 쌀밥을 짓는다.
❷ 만가닥버섯, 아스파라거스를 잘 씻어서 다진다.
❸ 닭고기는 한입 크기로 자르고 ❷, 식물성 기름과 함께 볶는다.
❹ ❶ 한 큰술(12g)과 삶은 달걀을 그릇에 넣고 ❸, 마른 멸치 가루를 뿌린다. 다 함께 뒤섞는다.

간 기능을 강화하는 간 덮밥

재료

돼지고기 …… 30g

간 …… 10g

당근 …… 10g

무 …… 10g

쌀밥 …… 1큰술

식물성 기름 …… 4작은술

마른 멸치 가루 …… 적당량

만드는 방법

화식

❶ 쌀밥을 짓는다.

❷ 당근과 무를 잘 씻어서 다진다.

❸ 돼지고기와 간을 한입 크기로 자르고 ❷, 식물성 기름과 함께 볶는다.

❹ ❶ 한 큰술(12g)을 그릇에 넣고 ❸, 마른 멸치 가루를 뿌려서 다 함께 뒤섞는다.

간으로 간 기능을 강화한다!

입맛을 되살리는 소고기 치즈 덮밥

가장 좋아하는 고기의 냄새로 식욕을 돋운다!

재료

소고기 …… 30g
치즈 …… 10g
양배추 …… 10g
만가닥버섯 …… 10g
쌀밥 …… 1큰술
식물성 기름 …… 4작은술
마른 멸치 가루 …… 적당량

—
생식과 화식 중에서 고양이 기호에 맞춰 선택한다.

만드는 방법

생식

❶ 쌀밥을 짓는다.
❷ 양배추, 만가닥버섯을 잘 씻어서 다지고 식물성 기름을 사용해 볶는다.
❸ 소고기는 한입 크기로 자른다.
❹ ❶ 한 큰술(12g)과 치즈를 그릇에 넣고 ❷, ❸, 마른 멸치 가루를 뿌려서 다 함께 뒤섞는다.

화식

❶ 쌀밥을 짓는다.
❷ 양배추, 만가닥버섯을 잘 씻어서 다진다.
❸ 소고기는 한입 크기로 자르고 ❷, 식물성 기름과 함께 볶는다.
❹ ❶ 한 큰술(12g)과 치즈를 그릇에 넣고 ❸, 마른 멸치 가루를 뿌린다. 다 함께 뒤섞는다.

고양이마다 알맞은 식사는 따로 있다

성장기에는 모든 영양소가 필요하다

생애주기에 알맞은 식사라고 하면 뭔가 특별한 방법이 있는 듯한 느낌을 주는데 그런 오해를 푸는 것부터 시작하겠습니다. 흔히 성장기에는 단백질과 칼슘이 중요하다고 하지만 모든 영양소가 성장 속도에 맞게 필요하다는 것이 정답입니다. 즉 많이 먹는 성장기에는 여러 가지 음식을 골고루 잘 먹이라는 의미입니다.

어린 고양이용 쥐와 노령 고양이용 쥐는 없다

당연한 말이지만 어린 고양이용, 성묘용, 노령 고양이용 쥐 등이 따로 구별돼 있지 않습니다. 중요한 것은 이것저것 골고루 먹으며 먹는 양을 조절하는 것입니다.

사람도 성장기의 아이는 많이 먹지만 나이를 먹을수록 식사량이 줄어듭니다. 그런데도 식사량을 줄이지 않으면 살이 찌지요. 이뿐입니다. 성인이 되고 나서부터는 특수한 영양 균형이 따로 잡혀야 건강한 육체를 얻는 게 아닙니다.

고양이가 비만이 되지 않도록 관리해야 한다

고양이는 의외로 식사량 조절을 잘 하는 동물이지만 사료의 매력에 푹 빠져서 운동량에 맞지 않는 식사량을 섭취하기도 합니다. 또한 사람과 마찬가지로 양이 아무리 적어 보여도 어떤 고양이에게는 양이 많을 수가 있습니다. 노령 고양이가 돼서도 가벼운 몸을 유지하기 위해서, 건식 사료를 먹고 살이 찐다면 수분이 많은 수제 음식으로 바꿔보세요. 도움이 될 수 있을지도 모릅니다.

고양이는 스스로 조절하는 능력이 있다

사람이 당분을 과다 섭취하면 살이 찐다는 사실은 알고 있을 겁니다. 반대로 혈당치가 떨어지면 근육을 분해해 아미노산에서 글루코오스를 만들어 혈당치를 유지하는 작용도 있습니다. 이처럼 몸은 필요에 따라 영양소를 어느 정도 자유롭게 융통하는 '조절 능력'이 있습니다. 이 조절 능력으로 체내 환경을 일정하게 유지하는 것입니다.

'치밀하게 영양 균형을 배합하지 않으면 병에 걸린다'는 주장은 체내의 조절 능력을 제대로 고려하지 못하고 있어 타당하다고 보기 어렵습니다. 정확한 영양 균형을 맞춰야 한다는 강박이 있으셨다면 조금 내려놓으셔도 괜찮습니다.

영양 균형 신화에 휘둘리지 않는 지식을 갖추자

'영양 균형 신화'는 수많은 논문을 통해 '분말을 굳힌 사료를 날마다 먹는다고 할 경우 이 정도의 양이 필요하다'라고 도출된 결과입니다. 그러나 과학은 조건이 달라지면 결과가 달라집니다. 그러므로 이 정보가 집에서 재료를 직접 조리한 수제 음식에도 100퍼센트 똑같이 해당되는 것은 아닙니다.

참고로 안전한 염분 최대 섭취량은 정해져 있지 않습니다. 몸에 이상이 나타나기 전에 고양이 스스로가 "짜서 못 먹어."라고 거부하기 때문입니다. 고양이에게 염분은 무조건 좋지 않다고 생각해오지 않았나요?

한 가지 음식으로만 먹이지 않는다

1960년대, 고양이가 육식동물이라는 이유로 생심장만 계속 먹였더니 칼슘 결핍증에 걸리는 사례가 나왔습니다. 이 일을 계기로 학자들은 "역시 생심장만 먹으면 안 되는구나. 여러 가지를 먹어야 해. 균형이 중요하지."라고 인식하게 되었습니다. 그야 당연하지요?

사람도 여러 가지 음식 재료를 먹으면 체내에서 날마다 조절이 이루어집니다. 고양이 역시 몸의 조절 능력이 든든하게 신체 기능을 뒷받침해주고 있습니다. 성장기, 성인기, 노년기마다 각각 충분한 양의 식사, 살이 찌지 않는 양의 식사, 소식해도 건강을 해치지 않는 식사를 제공하는 방법을 연구해야 합니다.

새끼 고양이를 입양할 때 꼭 알아야 하는 것

어미 고양이의 정성을 대신해주어야 한다

새끼 고양이는 어미 고양이가 키우는 것이 가장 좋지만 이런저런 이유로 사람의 손으로 보살피게 됩니다. 특히 묘연으로 발견한 유기묘를 입양하는 일이 꽤 많아 보입니다. 그냥 내버려둘 수 없었던 마음은 잘 알겠지만, 과연 집으로 데려가는 게 맞을까요? 그 후 어떤 고생을 해야 하는지 알고 있나요? 이렇게 누가 물어보면 걱정부터 앞섭니다.

체온을 스스로 조절할 수 없고 혼자 힘으로는 살 수 없다

갓 태어난 새끼 고양이는 여러 가지 점에서 어미에게 의지해야 살아갈 수 있는 상태입니다. 그 어미를 대신해 집에 데려간 여러분이 반드시 보살펴야 합니다. 먼저 자기 스스로 체온을 조절할 수 없으므로 따뜻하게 해주거나 바람을 쐬어주며 조절해주어야 합니다. 물론 새끼 고양이가 덥거나 춥다는 표현으로 알려주는 것은 아니므로 잘 헤아려가며 대응해야 합니다.

몇 시간 단위로 밥을 줘야 한다

생후 4일까지는 2시간마다, 생후 5~13일까지는 3시간마다, 생후 14~21일까지는 3~4시간마다 젖을 먹여야 합니다. 갓난아기와 마찬가지로 새끼 고양이를 돌보는 일도 보통 힘든 일이 아닙니다. 엄청난 각오가 필요합니다. 그러므로 새끼 고양이를 입양하겠다고 결정하기 전에는 자신이 감당할 수 있을지 심사숙고하는 시간이 꼭 필요합니다.

이유기 전의 새끼 고양이를 어미 고양이 없이 보살필 경우

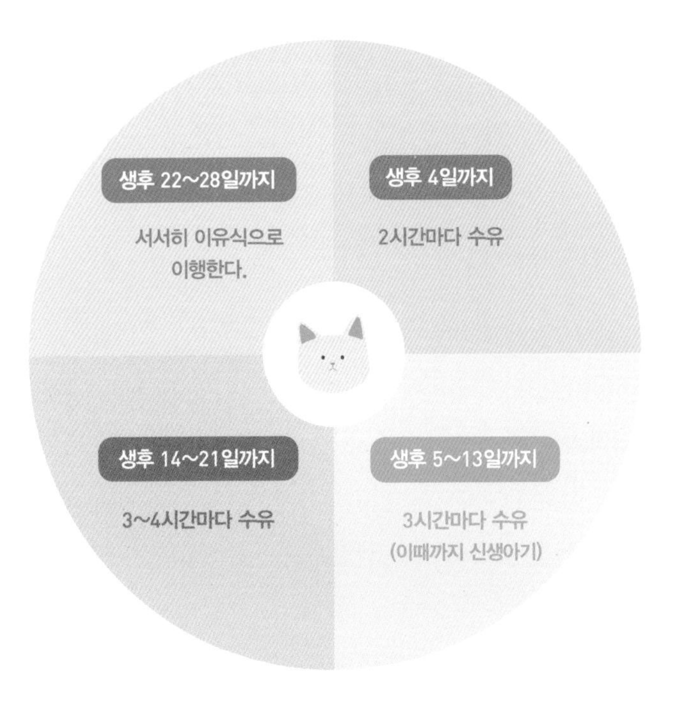

영양소를 정상적으로 섭취한 경우 새끼 고양이의 몸무게 변화

어떤 '분유'를 먹여야 할까?

무엇을 먹이면 좋은지도 매우 중요한 포인트입니다. '시중에서 판매하는 고양이 분유가 좋다' '우유면 충분하다' '산양유를 추천한다' 등 다양한 의견이 있지만 여러 가지가 나와 있다는 것은 고양이에게 알맞다면 어느 것이든 괜찮다는 뜻입니다. 영양량이 적으면 많이 먹이면 되고, 간단히 시중에서 판매하는 고양이 분유를 먹여도 되지요.

"고양이 분유의 원료는 소젖인데…"라고 하는 분이 있는데 머리카락을 먹어서 머리카락이 덥수룩하게 자라지 않듯이 원료가 무엇이든 몸에는 영양소로서 받아들여지므로 기본적으로는 문제가 없습니다.

배변 조절에도 도움이 필요하다

일반적으로 생후 1개월 정도까지는 스스로 배변하지 못해서 어미가 항문이나 음부를 핥아주고 그 자극에 대한 반사로 배설합니다. 그래서 미지근한 물로 적신 부드러운 천이나 티슈 등으로 식사 전후에 음부를 가볍게 문질러줘야 합니다. 그렇게 하면 물감을 짜낸 듯한 변이 나옵니다.

새끼 고양이가 배변할 수 있도록 문질러주는 일을 반려인이 해주어야 합니다. 계속 신경 써줄 시간적 여유가 있는지, 또 그렇게 할 각오가 되어 있는지가 매우 중요합니다.

고양이에게 먹이면 안 되는 음식

주의해야 하는 음식 재료

고양이가 먹으면 안 되는 음식과 관련해서는 사실무근인 정보가 많이 퍼져 있습니다. 굳이 안 해도 될 걱정을 하고 있는 분도 많지요.

먼저 "모든 물질은 독이며 독이 아닌 것은 존재하지 않는다. 하지만 적절한 용량이 독과 약을 구별한다.(독성학의 아버지 파라켈수스)"라는 판단이 필요합니다.

사람의 경우를 예로 들어볼까요? 물을 마시면 체내 수분량을 배뇨로 조절하는데, 그 처리 속도를 웃도는 기세로 물을 마시면 몸이 부어올라 죽음에 이를 수도 있습니다.(한 시간당 1~1.5리터가 안전 상한값)

유해한 성분이 들어 있는 것과 처리 능력을 웃돌아 손해를 주는 것을 구별하여 냉정하게 생각할 줄 알아야 합니다. 앞으로도 새로운 정보가 나오면 '이건 어떤 조건에서 어느 정도의 확률로 일어날까?' 하는 고려와 함께 전문가의 의견을 참고하여 정확하게 조사해볼 것을 추천합니다.

먹이면 안 되는 음식 검증하기

닭 뼈

많이들 물어보는 재료입니다. 경험이 부족하면 닭 뼈가 걱정될 수 있는데 알고 보면 괜찮습니다.

어패류

익히지 않은 어패류에 들어 있는 비타민B1 분해효소 때문에 걱정이 될 수 있는데요. 항구 지역에서 키우는 것이 아니라면 괜찮습니다.

시금치

옥살산이 결석의 원인이 된다고 알려진 재료입니다. 하지만 고양이가 그렇게 될 만큼 많이 먹으려 하지도 않을 거예요.

견과류

먹고 나서 일시적인 증상이 나타나는 고양이는 있지만, 먹어서 죽었다는 보고는 없습니다.

초콜릿

위험할 만큼 많이 먹으려 하지도 않으므로 걱정하지 마세요.

날달걀

사람으로 치면 날마다 10개 이상(고양이의 경우 날마다 1개 이상)을 계속 먹었을 때 비오틴 결핍증이 생길 수 있습니다. 고양이가 잘 먹으려 하지도 않습니다.

마른 멸치, 김

마그네슘이 많아서 결석이 생긴다고 하는 음식 재료입니다. 하지만 섭취 수분량이 많고 소변의 pH가 산성 쪽(육류나 생선의 섭취량이 많은 상태)이면 큰 문제는 없습니다.

쌀밥

동물은 단백질에서 당질과 지방을 합성할 수 있어서 '먹지 않아도 살아갈 수 있다'는 말이 어느 순간 '먹으면 안 된다'는 말로 와전된 음식 재료입니다.

간

비타민A 과잉증을 우려하는 재료입니다. 건강보조식품을 대량 섭취하는 게 아니라면 일반적인 식생활에서 과잉증에 걸리기는 어렵습니다.

전복, 소라, 오분자기의 내장

광과민증에 걸릴 위험이 확실히 있긴 하나 항구 이외 지역에서 키운다면 걱정할 필요 없습니다.

차나 커피

카페인이 신경을 자극한다는 게 알려져 있지만 일반적으로 고양이는 차나 커피를 마시지 않습니다.

가짓과 채소

관절염이 있는 고양이의 밥에서 빼고 났더니 상태가 호전되었다는 이야기가 먹으면 관절염에 걸린다는 것으로 와전되었습니다.

맺는말

반려인의 정성이 고양이를 낫게 합니다

몸 상태가 안 좋은 고양이를 볼 때마다 '만능 도구'나 '골든 룰'은 없다는 것을 느낍니다. 똑같은 가정에서 키우는 고양이라도 필요한 것이 다 다르고, 적합한 방식에도 차이가 있습니다. 그러므로 "이런 고양이들에게는 무엇이 필요한가요?"라는 질문에는 명확하게 답할 수 없겠지만 "이 고양이의 상태는 어떤가요?"라는 개별 사례의 경우에는 답을 준비할 수 있습니다.

우리 병원에는 중증 고양이가 많이 찾아옵니다. 고양이의 죽음을 앞에 두고서, '사료를 먹지 않는데 우리가 먹는 음식을 먹고 싶어 해요. 하지만 사람 음식을 먹이면 안 되잖아요. 그래도 조금 먹이면 좋아해요.'라고 물어오는 일이 많습니다. 명확한 과학적 이유로 먹일 수 있는 경우 그대로 조언해주면 안심하고 먹이는 일이 많지요. '삶아서 주니까 안 먹더니 구워주니까 엄청 잘 먹었어요!' 그런 사소한 변화를 전해 들려주시곤 합니다. 이런 경험은 고양이가 힘이 다해 무지개다리를 건넜을 때도, 반려인이 다음 인연으로 고양이를 만났을 때에 도움이 될 수 있습니다.

식이요법에는 약물과 같은 강력한 힘은 없지만 매일매일 하는 응원이므로 매우 중요한 요소입니다. 또한 단순히 영양소 보급에 그치지 않고 반려인의 애정이라는 힘이 고양이에게 전해져 힘을 발휘하는 것이 아닐까 싶습니다.

책의 내용은 메일과 블로그를 통해서 받은 질문에 답변한 것입니다. 짧은 시간에 많은 질문을 보내주셔서 정말로 감사했습니다. 이 책의 내용이 조금이라도 도움이 되기를 진심으로 바랍니다.

참고 문헌

당질

Kienzle, E. 1993. Carbohydrate metabolism in the cat. 1. Activity of amylase in the gastrointestinal tract of the cat. J. Anim. Physiol. Anim. Nutr. 69:92–101.

Kienzle, E. 1993. Carbohydrate metabolism in the cat. 2. Digestion of starch. J. Anim. Physiol. Anim. Nutr. 69:102–114.

Kienzle, E. 1993. Carbohydrate metabolism in the cat. 3. Digestion of sugars. J. Anim. Physiol. Anim. Nutr. 69:203–210.

Kienzle, E. 1993. Carbohydrate metabolism in the cat. 4. Activity of maltase.
isomaltase, sucrase, and lactase in the gastrointestinal tract in relation to age and diet. J. Anim. Physiol. Anim. Nutr. 70:89–96.

Kienzle, E. 1989. Untersuchungen zum Intestinal–Lind Intermediarstoffwechsel von Kohlenhydraten(Starke verschiedener Herdunft and Aufhereitung, Mono– and Disaccharide)bei der Hauskatze(Felis catut)(Investigations on intestinal and intermediary metabolism of carbohydrates(Starch of different origin and processing mono– and disaccharides)in domestic cats(Fells cants). (Habilitation theses). Tierarztliche Hochschule, Hannover.

Lineback, D. R. 1999. The chemistry of complex carbohydrates. Pp. 1 15–129 in Complex Carbohydrates in Foods, S. S. Cho, L. Prosky, and M. Dreher, eds. New york: Marcel Dekker, Inc.

Hore, P., and M. Messer. 1968. Studies on disaccharidase activities of the small intestine of the domestic cat and other mammals. Comp. Biochem. Physiol. 24:717–725.

Morris, J. G., J. Trudell, and T. Pencovic. 1977. Carbohydrate digestion by the domestic cat(Feh.s cants). Br. J. Nutr. 37:365–373.

Murray, S. M., G. C. Fahey, Jr., N. R. Merchen, G. D. Sunvold, and G. A. Reinhart. 1999. Evaluation of selected high–starch flours as ingredients in canine diets. J. Anim. Sci. 77:2180–2186.

지방

Chew, B. P., J. S. Park, T. S. Wong, H. W. Kim, M. G. Hayek, and G. A. Reinhart. 2000. Role of omega-3 fatty acids on immunity and inflammation in cats. Pp. 55–67 in Recent Advaces in Canine and Feline Nutrition, Vol. Ⅲ, G. A. Reinhart and D. P. Carey, eds. Wilmington, Ohio: Orange Frazer Press.

Hayes, K.C., R. E. Carey, and S. Y. Schmidt. 1975. Retinal degeneration associated with taurine deficiency in the cat. Science 188:949–951.

Lepine, A. J., and R. L. Kelly. 20(X). Nutritional influences on the growth characteristics of hand-reared puppies and kittens. Pp. 307–319 in Recent Advances in Canine and Feline Nutrition, Vol. Ⅲ, G. A. Reinhart, and D.P. Carey, eds. Wilmington, Ohio: Orange Frazer Press.

MacDonald, M. L., Q. R. Rogers, and J. G. Morris. 1984. Nutrition of the domestic cat, a mammalian carnivore. Ann. Rev. of Nutr. 4:521–562.

MacDonald, M. L., Q. R. Rogers, and J. G. Morris. 1984. Effects of dietary arachidonate deficiency on the aggregation of cat platelets. Comp. Biochem. Physiol. 78C:123–126.

MacDonald, M. L., Q. R. Rogers, and J. G. Morris. and P. T. Cupps. 1984. Effects of linoleate and arachidonate deficiencies on reproduction and spermatogenesis in the cat., Journal of Nutrition 114:719–726.

MacDonald, M. L., Q. R. Rogers, and J. G. Morris. 1985. Aversion of the cat to dietary medium-chain triglycerides and caprylic acid. Physiology Begavior. 35:371–375.

Pawlosky, R., A. Barnes, and N. Salem, Jr. 1994. Essential fatty acid metabolism in the feline: Relationship between liver and brain prduction of long-chain polyunsaturated fatty acids. J. Lipid Res. 35:2032–2040.

Pawlosky, R. J., Y. Denkins, G. Ward, and N. Salem. 1997. Retinal and brain accretion of long-chain polyunsaturated fatty acids in developing felines: The effects of corn-based maternal diets. Am. J. Clin. Nutr 65:465–472.

Rivers, J. P. W., A. J. Sinclair, and M. A. Crawford. 1975. Inability of the cat to desaturate essential fatty acids. Nature 255:171–173.

Rivers, J. P. W. 1952. Essential fatty acids in cats. J. Small Anim. Pract. 23:563–576.

Rivers, J. P. W., and T. L. Frankel. 1950. Fat in the diet of dogs and cats. Pp. 67–99 in Nutrition of the Dog and Cat, R. S. Anderson, ed. Oxford, UK: Pergamon Press.

Rivers, J. P. W., and T. L. Frankel. 1951. The Production of 5,5,1 1–eicosatrienoic acid(20:311–9) in the essential fatty acid deficient cat. Proceedings of the Nutrition Society 40:117a.

Sinclair, A. J. 1994. John Rivers (1945–1989): His contribution to research on polyunsaturated fatty acids in cats. Journal of Nutrition 124:2513S–2519S.

Sinclair, A. J., J. G. Mclean., and E. A. Monger. 1979. Metabolism of linoleic acid in the cat. Lipids 14:932–936.

Sinclair, A. J., W. J. Slattery, J. G. McLean, and E. A. Monger. 1951. Essential fatty acid deficiency and evidence for arachidonate synthesis in the cat. Br. J. Nutr. 46:93–96.

Simopoulos, A. P. 1991. Omega–3 fatty acids in health and disease and in growth and development. Am. J. Clin. Nutr. 545:438–463.

Simopoulos, A. P., A. Leaf, and N. Salem, Jr. 1999. Workshop on the Essentiality of and Recommended Dietary Intakes for Omega–6 and Omega–3 Fatty Acids. J. Am. Coll. Nutr. 18:487–489.

Stephan, Z. F., and K. C. Hayes. 1978. Vitamin E deficiency and essential fatty acid(EFA) status of cats. Federation Proceedings 37:2588.

단백질

Anderson, P. A., D. H. baker, P. A. Sherry, and J.E. Corkin. 1980a. Nitrogen requirement of the kitten. Am. J. Vet. Res. 41:1646–1649.

Burger, I. H., and K. C. Barnett. 1982. The taurine requirement of the adult cat. J. Sm. Anim. Pract. 23:533–537.

Burger, I. H., and P. M. Smith. 1987. Amino acid requirements of adult cats Pp. 49–51 in Nutrition, Malnutrition and Dietetics in the Dog and Cat. Proceedings of an international symposium held in Hanover, September 3–4. English edition. A. T. B. Edney, ed. British Veterinary Association.

Burger, I. H., S. E. Blaza, P. T. Kendall, and P. M. Smith. 1984. The protein requirement of adult cats for maintenance. Fel. Pract. 14:8–14.

Dickinson, E. D., and P. P. Scott. 1956. Nutrition of the cat. 2. Protein requirements for growth of weanling kittens and young cats maintained on a mixed diet. Brit. J. Nutr. 10: 311–316.

Greaves, J. P. 1965. Protein and calorie requirements of the feline. In Canine and Feline Nutritional Requirements, O. Graham-Jones, ed. Oxford, UK: Pergamon Press.

Leon, A., W. R. Levick, and W. R. Sarossy. 1995. Lesion topography and new histological features in feline taurine deficiency retinopathy. Exp. Eye Res. 61:731–741.

Levillain, O., P. Parvy, and A. Hus-Citharel. 1996. Arginine metabolism in cat kidney. J. Physiol. (London) 491(Part1):471–477.

Miller, S. A., and J. B. Allison. 1958. The dietary nitrogen requirements of the cat. J. Nutr. 64:493–501.

Smalley, K. A., Q. R. Rogers, and J. G. Morris. 1983. Methionine requirement of kittens given amino acid diets containing adequate cystine. Br. J. Nutr. 49:411–417.

Smalley, K. A., Q. R. Rogers, J. G. Morris, and L. L. Eslinger. 1985. The nitrogen requirement of the weanling kitten. Br. J. Nutr. 53:501–512.

Smalley, K. A., Q. R. Rogers, J. G. Morris, and E. Dowd. 1993. Utilization of D-methionine by weanling kittens. Nutr. Res. 13:815–824.

Morris, J. G., and Q. R. Rogers. 1978a. Ammonia intoxication in the near adult cat as a result of a dietary deficiency of arginine. Sci. 199:431–432.

Morris, J. G., and Q. R. Rogers. 1978b. Arginine: An essential amino acid for the cat. J. Nutr. 108:1944–1953.

Morris, J. G., and Q. R. Rogers. 1992. The metabolic basis for the taurine requirement of Cats. Pp. 33–44 in Taurine Nutritional Value and Mechanisms of Action, J. B. Lombardini, S. W. Schaffer, and J. Azuma, eds. Volume 315. New York: Plenum Press.

Morris, J. G., and Q. R. Rogers. 1994. Dietary taurine requirement of cats is determined by microbial degradation of taurine in the gut. Pp. 59–70 in Taurine in Health and Disease, R. Huxtable, and D. V. Michalk, eds. New York: Plenum Press.

Rabin. B., R. J. Nicolosi, and K. C. Hayes. 1976. Dietary influence on bile acid conjugation in the cat. J. Nutr. 106:1241–1246.

Scott, P. P. 1964. Nutritional requirements and deficiencies. Pp. 60–70 in Feline Medicine and Surgery, E. J. Catcott, ed. Santa Barbara, Calif.: American Veterinary Publications. Inc.

비타민

Ahmad, B. 1931. The fate of carotene after absorption in the animal organism. Biochem. J. 25:1195–1204.

Bai, S. C., D. A. Sampson, J. G. Morris, and Q. R. Rogers. 1991. The level of dietary protein affects the vitamin B–6 requirement of cats. J. Nutr. 121:1054–1061.

Braham, J. E., A. Villarreal, and R. Bressani. 1962. Effect of line treatment of corn on the availability of niacin for cats. J. Nutr. 76:183–186.

Carey, C. J., and J. G. Morris. 1977 Biotin deficiency in the cat and the effect on hepatic propionyl CoA carhoxylase. J. Nutr. 107:330–334.

Clark, L. 1970. Effect of excess vitamin A on longhone growth in kittens. J. Comp. Pathol. 80:625–634.

Clark, L. 1973. Growth rates of epiphyseal plates in normal kittens and kittens fed excess vitamin A. J. Comp. Path. 83:447–460.

Clark, L., A. A. Seawright, and R. J. W. Gartner. 1970. Longhone abnormalities in kittens following vitamin A administration. J. Comp. Path. 80:113–121.

Clark, L., A. A. Seawright, and J. Hrdlicka. 1970. Exostoses in hypervitaminotic A cats with optimal calcium–phosphorus intakes. J. Small Anon. Pract. 11:553–561.

Clark, W. T., and R. E. W. Halliwell. 1963. The treatment with vitamin K preparations of warfarin poisoning in dogs. Vet. Rec. 75:1210–1213.

Coburn, S. P., and J. D. Mahuren. 1987. Identification of pyrixdoxine 3–sulfate, pyridoxal 3–sulfate and N–methylpyridoxine as major urinary metabolites of vitamin B, in domestic cats. J. Biol. Chem. 262:2642–2644.

Davidson, M. G. 1992. Thiamine deficiency in a colony of cats. Vet Rec 130: 94–97.

Deady, J. E., Q. R. Rogers, and J. G. Morris. 1981b. Effect of high dietary glutamic acid on the excretion of US–thiamine in kittens. J. Nutr. 111:1580–1585.

Freye, E., and H. Agoutis. 1978. The action of vitamin B1(thiamine)on the cardiovascular system of the cat. Biomedicine 28:315–319.

Gershoff, S. N., and L. S. Gottlieb. 1964. Pantothenic acid deficiency in cats. J. Nutr. 82:135–138.

Gershoff, S. N., and S A. Norkin. 1962. Vitamin E deficiency in cats. J. Nutr. 77:303–308.

Gershoff, S. N., S. B. Andrus, D. M. Hegsted, and E. A. Lentini. 1957a. Vitamin A deficiency in cats. Lab. Invest. 6:227–240.

Gershoff, S. N., M. A. Legg, F. J. O'Connor, and D. M. Hegsted. 1957b. The effect of vitamin D–deficient diet containing various Ca:P ratios on cats. J. Nutr. 63:79–93.

Heath, M. K., J. W. MacQueen, and T. D. Spies. 1940. Feline pellagra. Science 92:514.

Hon, K. L., H. A .W. Hazewinkel, and J. A. Mol. 1994. Dietary vitamin D dependence of cat and dog due to inadequate cutaneous synthesis of vitamin D. Gen. Comp. Endocrin. 96:12–18.

Jubb. K. V., L. Z. Saunders, and H. V. Coates. 1956. Thiamine deficiency encephalopathy in cats. J. Comp. Path. 66:217–227.

Kang, M. H., J. G. Morris, and Q. R. Rogers. 1987. Effect of concentration at some dietary amino acids and protein on plasma urea nitrogen concentration in growing kittens. J. Nutr. 117:1689–1696.

Keesling, P. T., and J. G. Morris. 1975. Vitamin B12 deficiency in the cat. J. Anim. Sc. 41:317.

Kemp, C. M., S. G. Jacobson, F. X. Borruat, and M. H. Chaitin. 1989. Rhodopsin levels and retinal function in cats during recovery from vitamin A deficiency. Exp. Eye Res. 49:49–65.

Leklem, J. E., R. R. Brown, L. V. Hankes, and M. Schmaeler. 1971. Tryptophan metabolism in the cat: A study with carbon–14–labeled compounds. Am. J. Vet Res. 32:335–344.

Loew, F. M., C. L. Martin, R. H. Dunlop, R. J. Mapletoft, and S. I. Smith. 1970. Naturally–occurring and experimental thiamine deficiency in cats receiving commercial cat food. Can. Vet. J. 11:109–113.

Mansur Guerios, M. F., and G. Hoxter. 1962. Hypoalhunlinemia in choline deficient cats. Protides Biol. Fluids Proc. Colloq. 10:199–201.

Morita, T., T. Awakura, A. Shimoda, T. Umemura, T. Nagai, and A. Haruna. 1995. Vitamin D toxicosis in cats: Natural outbreak and experimental study. J. Vet. Med. Sci. 57:831–837.

Morris, J. G. 1977. The essentially of biotin and vitamin B1, for the cat. Pp. 15–18 in Proceedings of the Kal Kan Symposium for the Treatment of Dog and Cat. Morris. J. G. 1996. Vitamin D synthesis by kittens. Vet. Clin. Nutr. 3:88–92.

Morris, J. G. 1999. Ineffective vitamin D synthesis in cats is reversed by an inhibitor of 7–dehydrocholesterol–A7–reductase. J. Nutr. 129:903–909.

Okuda, K., T. Kitaiaki, and M. Morokuma. 1973. Intestinal vitamin B12 absorption and gastric juice in the cat. Digestion 5:417–425.

Pastoor, F. J. H., A. T. H. Van 'T Klooster, and A. C. Beynen. 1991. Biotin deficiency in cats as induced by feeding a purified diet containing egg white. J. Nutr. 124S:73S–74S.

Ruaux, C. G., J. M. Steiner, and D. A. Williams. 2001. Metabolism of amino acids in cats with severe cobalamin deficiency. Am. J. Vet. Res. 62:1852–1858.

Schweigert, F. J., J. Raila, B. Wichert, and E. Kienzle. 2002. Cats absorb β–carotene, but it is not converted to vitamin A. J. Nutr. 132:1610S–1612S.

Scott, P. P., J. P. Greaves, and M. G. Scott. 1964. Nutritional blindness in the cat. Exp. Eye Res. 3:357–364.

Scott, P. P. 1971. Dietary requirements of the cat in relation to practical feeding problems. Small Animal Nutrition Workshop, University of Illinois College of Veterinary Medicine.

Seawright, A. A., P. B. English, and R. J. W. Gartner. 1970. Hypervitaminosis A of the cat. Advances Vet. Sci. Comp. Path. 14:1–27.

Strieker, M. J., J. G. Morris, B. F. Feldman, and Q. R. Rogers. 1996. Vitamin K deficiency in cats fed commercial fish–based diets. J. Small. Anim. Prac. 37:322–326.

Thenen, S. W., and K. M. Rasmussen. 1978. Megaloblastic erythropoiesis and tissue depletion of folic acid in the cat. Am. J. Vet. Res. 39:1205–1207.

Vaden, S. L., P. A. Wood, F. D. Ledley, P. E. Cornwall, R. T. Miller, and R. Page. 1992. Cohalamin deficiency associated with methylmalonic aciduria in a cat. J. Am. Vet. Med. Assoc. 200:1101–1103.

Yu, S., E. Shultze, and J. G. Morris. 1999. Plasma homocysteine concentration is affected by folate status and sex of cats. FASEB J. 13:A229.

미네랄

Coffman, H. 1997. The Cat Food Reference. Nashua, N. H.: PigDog Press.

Howard, K., Q. Rogers, and J. Morris. 1998. Magnesium requirement of kittens is increased by high dietary calcium. J. Nutr. 128(suppl.):2601S–2602S.

Kienzle, E. 1998. Factorial calculation of nutrient requirements in lactating queens. J. Nutr. 128(suppl.):2609S–2614S.

Kienzle, E., and S. Wilms–Eilers. 1994. Struvite diet in cats: Effect of ammonium chloride and carbonates on acid–base balance of cats. J. Nutr. 124(suppl.):2652S–2659S.

Kienzle, E., A. Schuknecht, and H. Meyer. 1991. Influence of food composition on the urine pH in cats. J. Nutr. 121(suppl.):587–588.

Kienzle, E., C. Thielen, and C. Pessinger. 1998. Investigations on phosphorus requirements of adult cats. J. Nutr. 128(suppl.):2598S–2600S.

Lemann, J., E. Lennon. 1972. Role of diet, gastrointestinal tract and bone in acid–base homeostasis. Kidney International 1:275–279.

Pastoor, F., A. Van 'T Klooster, J. Mathot, and A. Beynen. 1994. Increasing calcium intakes lower urinary concentrations of phosphorus and magnesium in adult ovariectomized cats. J. Nutr. 124:299–304.

Pastoor, F., R. Opitz, A. Van 'T klooster, and A. Beynen. 1994. Dietary calcium chloride vs. calcium carbonate reduces urinary pH and phosphorus concentration, improves bone mineralization and depresses kidney calcium level in cats. J. Nutr. 124:2212–2222.

Pstoor, F., A. Van 'T Klooster, and A. Beynen. 1994. Calcium chloride a urinary acidifier in relation to its potential use in the prevention of struvite urolithiasis in the cat. Vet. Q. 16(suppl.):375–385.

Pastoor, F., R. Opitz, A. Van 'T Klooster, and A. Beynen. 1994. Substitution of dietary calcium chloride for calcium carbonate reduces urinary pH and urinary phosphorus excretion in adults cats. Vet. Q. 16:157–160.

Pstoor, F., A. Van 'T Klooster, B. Opitz, and A. Beynen. 1995. Effect of dietary magnesium on urinary and faecal excretion of calcium, magnesium and phosphorus in adult, ovarectomized cats. Br. J. Nutr. 74:7784.

Pstoor, F., A. Van 'T Klooster, J. Mathot, and A. Beynen. 1995. Increasing phosphorus intake reduces urinary concentrations of magnesium and calcium in adult ovariectomized cats fed purified diets. J. Nutr. 125:1334–1341.

Pastoor, F., R. Opitz, A. Van 'T Klooster, and A. Beynen. 1995. Dietary phosphorus restriction to half the minimum required amount slightly reduces weight gain and length of tibia, but sustains femur mineralization and prevents nephrocalcinosis in female kittens. Br. J. Nutr. 74:85–100.

Pennington, J. 1998. Bowes & Church's Food Values of Portions Commonly Used. Philidelphia: Lippincott Williams and Wilkins.

Taton, G., D. Hamar, and L. Lewis. 1984. Evaluation of ammonium chloride as a urinary acidifier in the cat. J. Am. Vet. Med. Assn. 184:433–436.

Toto, R., R. Alpern, J. Kokko, and R. Tannen. 1996. Metabolic acid–base disorders. Pp. 201–266 in Fluids and Electrolytes, 3rd edition. Philidelphia: W. B. Saunders.

Yu, S., and J. Morris. 1997. The minimum sodium requirement of growing kittens defined on th basis of plasma aldosterone concentration. J. Nutr. 127:494–501.

Yu, S., and J. Morris. 1998. Hypokalemia in kittens induced by a chlorine–deficient diet. FASEB J. 12:A219.

Yu, S., and J. Morris. 1999. Chloride requirement of kittens for growth is less than current recommendations. J. Nutr. 129:1909–1914.

Yu, S., and J. Morris. 1999. Sodium requirement of adult cats for maintenance based on plasma aldosterone concentration. J. Nutr. 129:419–423.

Yu, S., Q. Rogers, and J. Morris. 1997. Absence of salt(NaCl)preference or appetite in sodium–replete or depleted kittens. Appetite 29:1–10.

Yu, S., Howard, K. Wedekind, J. Morris, and Q. Rogers. 2001. A low–selenium diet increases thyroxine and decreases 3,5,3'–triiodothyronine in the plasma of kittens. J. AM. Physio. Anim. Nutr. 86:36–41.

Zijlstra, W., A. Langhroek, J. Kraan, P. Rispens, and A. Nijmeijer. 1995. Effect of casein–based semi–synthetic food on renal acid excretion and acid–base state of blood in dogs. Acta Anesthesiologica Scandinavica 107(suppl.):179–183.

고양이 영양학 사전
신장병, 피부병, 비만의 예방과 치료를 위한 음식과 필수 영양소 해설

1판 1쇄 펴낸 날 2021년 8월 10일

지은이 스사키 야스히코
옮긴이 박재영
주　간 안정희
편　집 윤대호, 채선희, 이승미, 윤성하, 이상현
디자인 김수인, 이가영, 김현주
마케팅 함정윤, 김희진

펴낸이 박윤태
펴낸곳 보누스
등　록 2001년 8월 17일 제313-2002-179호
주　소 서울시 마포구 동교로12안길 31 보누스 4층
전　화 02-333-3114
팩　스 02-3143-3254
이메일 bonus@bonusbook.co.kr

ISBN 978-89-6494-503-2 03490

• 책값은 뒤표지에 있습니다.

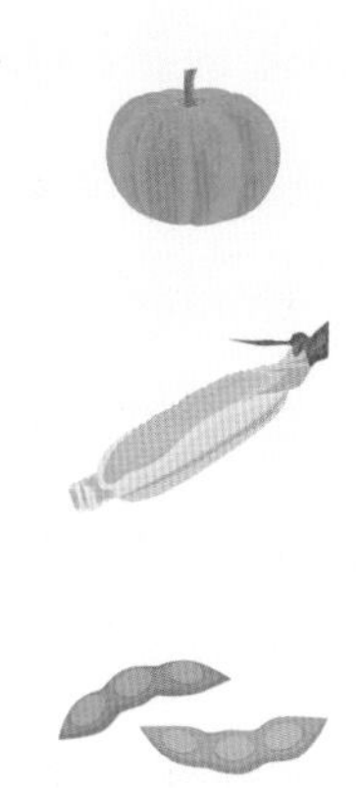

부록

열한 가지 레시피 카드 수록!
절취선을 따라 자르면 곁에 두고
활용할 수 있어요!

한눈에 보는 고양이 집밥 만들기

균형 잡힌 식사를 위한 고양이 영양학 지식

체내에서 자체적으로 만들어지지 않거나, 만들 수 있더라도 충분한 양을 확보하지 못해 꼭 음식물을 통해 섭취해야 하는 영양소를 필수 영양소라 부릅니다. 고양이 필수 영양소가 무엇이 있는지, 필수 영양소가 결핍되지 않으려면 어떤 것을 챙겨줘야 하는지, 각 고양이에게 적절한 에너지양은 얼만큼인지 되새겨봅시다.

고양이의 필수 영양소

- **단백질(아미노산)** 라이신, 류신, 메티오닌, 발린, 아르지닌, 아이소루신, 트레오닌, 트립토판, 페닐알라닌, 타우린, 히스티딘
- **지방** 리놀레산, 아라키돈산, 알파리놀렌산
- **다량 미네랄** 나트륨, 마그네슘, 염소, 인, 칼륨, 칼슘
- **미량 미네랄** 구리, 망간, 셀렌, 아연, 요오드, 철
- **지용성 비타민** 비타민A, 비타민D, 비타민E, 비타민K
- **수용성 비타민** 나이아신(B3), 리보플래빈(B2), 비오틴(B7), 엽산(B9), 코발라민(B12), 콜린, 티아민(B1), 판토텐산(B5), 피리독신(B6)

고양이를 위한 영양학 지식

- **지식 1** 베타카로틴 등의 카로티노이드를 비타민A로 변환할 수 없다.
- **지식 2** 비타민D의 합성량이 부족하다.
- **지식 3** 트립토판을 나이아신으로 변환할 수 없다.
- **지식 4** 메티오닌이나 시스테인 등의 함황 아미노산에서 타우린을 충분히 합성할 수 없다.
- **지식 5** 요소 회로에 필요한 시트룰린을 합성하지 못한다. 그래서 아르지닌을 포함하지 않는 식사를 지속하면 사망할 수 있다.
- **지식 6** 식물에는 많고 동물에는 적은 아라키돈산 등의 긴사슬 불포화지방산을 리놀레산으로부터 잘 합성하지 못한다.
- **지식 7** 고양이의 대사 능력은 저탄수화물식에 적합하다.(쌀밥 등을 먹을 수 없는 것은 아니지만 식사의 중심은 아니다.)

고양이 하루 에너지 사용량

※고양이 몸무게 1킬로그램당 사용 에너지양

성묘 유지기(보통)	70~90kcal
성묘 유지기(활동량 적음)	50~70kcal
임신기	100~140kcal
수유기	240kcal
성장기(생후 10주)	220kcal
성장기(생후 20주)	160kcal
성장기(생후 30주)	120kcal
성장기(생후 40주)	100kcal

사료를 대체할 수 있는 생활 속 음식 재료

	성분명	성분이 함유된 일반 식품	Dr. 스사키의 추천
1	단백질	육류, 생선, 콩	닭고기, 흰살생선, 낫토
2	지질	유지류, 지방이 많은 육류(닭 껍질 등), 견과류	닭 껍질
3	조섬유	채소류	당근
4	조회분	채소, 해조류, 콩	미역
5	수분	물	물
6	비타민A	간	간
7	비타민E	유지류, 견과류, 호박	호박
8	비타민B1	돼지고기	돼지고기
9	비타민B2	달걀, 육류	간
10	칼슘	해조류, 뼈, 작은 생선	잔멸치 등의 치어
11	인	육류, 생선	닭고기
12	나트륨	육류, 생선	닭고기
13	마그네슘	육류, 생선	닭고기
14	효모 추출액	치즈	치즈
15	미네랄류	작은 생선, 해조류	잔멸치 등의 치어
16	염소	육류, 생선	돼지고기
17	코발트	동물성 식품	닭고기
18	구리	간, 벚꽃새우	간
19	철	붉은 육류	참치

	성분명	성분이 함유된 일반 식품	Dr. 스사키의 추천
20	요오드	해조류	김
21	칼륨	육류, 생선, 콩	닭고기
22	망간	해조류	김
23	아연	간	간
24	아미노산류	육류, 생선	닭고기
25	타우린	어패류	오징어
26	메티오닌	달걀, 육류, 생선류	닭고기
27	비타민류	녹황색 채소	호박
28	비타민B6	육류, 어패류, 달걀	연어
29	비타민B12	육류, 어패류, 달걀	간
30	비타민C	채소	브로콜리
31	비타민D	정어리, 가다랑어, 간	가다랑어
32	비타민K	연어, 낫토	연어
33	콜린	돼지고기, 소고기	소 간
34	나이아신	간, 콩류	간
35	판토텐산	간, 달걀	달걀
36	비오틴	간, 콩	간
37	엽산	잎채소	소송채

레시피 1

소화가 잘되는 닭고기 덮밥

소화 흡수율 95퍼센트의 닭고기로 만든 밥

재료

닭고기 …… 40g
호박 …… 10g
양송이 …… 1g
양배추 …… 5g
쌀밥 …… 1큰술
식물성 기름 …… 4작은술
마른 멸치 가루 …… 적당량

—
생식과 화식 중에서 고양이의 기호에 맞춰 선택한다.

만드는 방법

생식

❶ 쌀밥을 짓는다.
❷ 호박, 양송이, 양배추를 잘 씻어서 다지고 식물성 기름을 사용해 볶는다.
❸ 닭고기는 한입 크기로 자른다.
❹ ❶ 한 큰술(12g)을 그릇에 넣고 ❷, ❸, 마른 멸치 가루를 뿌려서 다 함께 뒤섞는다.

화식

❶ 쌀밥을 짓는다.
❷ 호박, 양송이, 양배추를 잘 씻어서 다진다.
❸ 닭고기는 한입 크기로 자르고 ❷, 식물성 기름과 함께 볶는다.
❹ ❶ 한 큰술(12g)을 그릇에 넣고 ❸, 마른 멸치 가루를 뿌린다. 다 함께 뒤섞는다.

레시피 2

닭 간으로 만든 덮밥

비타민A로 감염증에 대처

재료	만드는 방법

닭고기 …… 30g
닭 간 …… 10g
당근 …… 10g
브로콜리 …… 5g
양배추 …… 5g
쌀밥 …… 1큰술
식물성 기름 …… 4작은술
마른 멸치 가루 …… 적당량

화식

❶ 쌀밥을 짓는다.
❷ 당근, 브로콜리, 양배추를 잘 씻어서 다진다.
❸ 닭고기와 닭 간은 한입 크기로 자르고 ❷, 식물성 기름과 함께 볶는다.
❹ ❶ 한 큰술(12g)을 그릇에 넣고 ❸, 마른 멸치 가루를 뿌린다. 다 함께 뒤섞는다.

레시피 3

식감이 풍부한 닭 연골 덮밥

때로는 씹는 맛이 있는 식사도 필요해요!

재료	만드는 방법
닭고기 …… 30g 닭 연골 …… 10g 호박 …… 10g 아스파라거스 …… 10g 양배추 …… 5g 쌀밥 …… 1큰술 식물성 기름 …… 4작은술 마른 멸치 가루 …… 적당량	화식 ❶ 쌀밥을 짓는다. ❷ 호박, 아스파라거스, 양배추를 잘 씻어서 다진다. ❸ 닭고기와 닭 연골은 한입 크기로 자르고 ❷, 식물성 기름과 함께 볶는다. ❹ ❶ 한 큰술(12g)을 그릇에 넣고 ❸, 마른 멸치 가루를 뿌린다. 다 함께 뒤섞는다.

레시피 4

쫄깃쫄깃 닭 염통 덮밥

독특한 풍미가 야생성을 깨워줘요

재료	만드는 방법
닭고기 …… 30g 닭 염통 …… 10g 무 …… 10g 소송채 …… 10g 쌀밥 …… 1큰술 식물성 기름 …… 4작은술 마른 멸치 가루 …… 적당량	화식 ❶ 쌀밥을 짓는다. ❷ 무, 소송채를 잘 씻어서 다진다. ❸ 닭고기와 닭 염통은 한입 크기로 자르고 ❷, 식물성 기름과 함께 볶는다. ❹ ❶ 한 큰술(12g)을 그릇에 넣고 ❸, 마른 멸치 가루를 뿌린다. 다 함께 뒤섞는다.

레시피 5

피로 해소 돼지고기 덮밥

비타민B1 덕에 쉽게 피곤해지지 않는 몸

재료

돼지고기 …… 40g

순무 …… 10g

표고버섯 …… 1장

마늘 …… 1g

쌀밥 …… 1큰술

식물성 기름 …… 4작은술

마른 멸치 가루 …… 적당량

만드는 방법

화식

❶ 쌀밥을 짓는다.

❷ 순무, 표고버섯, 마늘을 잘 씻어서 다진다.

❸ 돼지고기는 한입 크기로 자르고 ❷, 식물성 기름과 함께 볶는다.

❹ ❶ 한 큰술(12g)을 그릇에 넣고 ❸, 마른 멸치 가루를 뿌린다. 다 함께 뒤섞는다.

레시피 6

튼튼해지는 소고기 덮밥

스태미나를 보충해서 면역력을 강화!

재료

소고기 …… 40g

무 …… 10g

브로콜리 …… 5g

양배추 …… 5g

쌀밥 …… 1큰술

식물성 기름 …… 4작은술

마른 멸치 가루 …… 적당량

—

생식과 화식 중에서 고양이의 기호에 맞춰 선택한다.

만드는 방법

생식

❶ 쌀밥을 짓는다.

❷ 무, 브로콜리, 양배추를 잘 씻어서 다지고 식물성 기름을 사용해 볶는다.

❸ 소고기는 한입 크기로 자른다.

❹ ❶ 한 큰술(12g)을 그릇에 넣고 ❷, ❸, 마른 멸치 가루를 뿌려서 다 함께 뒤섞는다.

화식

❶ 쌀밥을 짓는다.

❷ 무, 브로콜리, 양배추를 잘 씻어서 다진다.

❸ 소고기는 한입 크기로 자르고 ❷, 식물성 기름과 함께 볶는다.

❹ ❶ 한 큰술(12g)을 그릇에 넣고 ❸, 마른 멸치 가루를 뿌린다. 다 함께 뒤섞는다.

레시피 7

저칼로리 흰살생선 덮밥

저지방 음식으로 다이어트!

재료

흰살생선 …… 40g
당근 …… 5g
오크라 …… 5g
고구마 …… 10g
쌀밥 …… 1큰술
식물성 기름 …… 4작은술
마른 멸치 가루 …… 적당량

—
생식과 화식 중에서 고양이 기호에 맞춰 선택한다.

만드는 방법

생식

❶ 쌀밥을 짓는다.
❷ 당근, 고구마, 오크라를 잘 씻어서 다지고 식물성 기름을 사용해 볶는다.
❸ 흰살생선은 한입 크기로 자른다.
❹ ❶ 한 큰술(12g)을 그릇에 넣고 ❷, ❸, 마른 멸치 가루를 뿌려서 다 함께 뒤섞는다.

화식

❶ 쌀밥을 짓는다.
❷ 당근, 고구마, 오크라를 잘 씻어서 다진다.
❸ 흰살생선은 한입 크기로 자르고 ❷, 식물성 기름과 함께 볶는다.
❹ ❶ 한 큰술(12g)을 그릇에 넣고 ❸, 마른 멸치 가루를 뿌린다. 다 함께 뒤섞는다.

레시피 8

입맛을 돋우는 연어 덮밥

연어의 풍미가 입맛을 살려줘요

재료

연어 …… 40g
브로콜리 …… 5g
감자 …… 10g
양송이 …… 5g
쌀밥 …… 1큰술
식물성 기름 …… 4작은술
마른 멸치 가루 …… 적당량

만드는 방법

화식

❶ 쌀밥을 짓는다.

❷ 브로콜리, 감자, 양송이를 잘 씻어서 다진다.

❸ 연어는 한입 크기로 자르고 ❷, 식물성 기름과 함께 볶는다.

❹ ❶ 한 큰술(12g)을 그릇에 넣고 ❸, 마른 멸치 가루를 뿌린다. 다 함께 뒤섞는다.

레시피 9

고양이 취향저격 전갱이 덮밥

맛있어서 완성되기 전에 채갈지도 몰라요!

재료

전갱이 …… 40g
무 …… 10g
양배추 …… 5g
호박 …… 10g
쌀밥 …… 1큰술
식물성 기름 …… 4작은술
마른 멸치 가루 …… 적당량

—

생식과 화식 중에서 고양이 기호에 맞춰 선택한다.

만드는 방법

생식

❶ 쌀밥을 짓는다.

❷ 무, 양배추, 호박을 잘 씻어서 다지고 식물성 기름을 사용해 볶는다.

❸ 전갱이는 한입 크기로 자른다.

❹ ❶ 한 큰술(12g)을 그릇에 넣고 ❷, ❸, 마른 멸치 가루를 뿌려서 다 함께 뒤섞는다.

화식

❶ 쌀밥을 짓는다.

❷ 무, 양배추, 호박을 잘 씻어서 다진다.

❸ 전갱이는 한입 크기로 자르고 ❷, 식물성 기름과 함께 볶는다.

❹ ❶ 한 큰술(12g)을 그릇에 넣고 ❸, 마른 멸치 가루를 뿌린다. 다 함께 뒤섞는다.